人身安全与生命自护

本书编写组◎编

张 帅 张 艳◎编著

shengming jiaoyu congshu

Renshen Anquan Yu Shengming Zihu

U0333958

世界图书出版公司

广州·北京·上海·西安

图书在版编目（CIP）数据

人身安全与生命自护/《人身安全与生命自护》编写
组编 . —广州：广东世界图书出版公司，2009. 11 （2024.2 重印）
ISBN 978－7－5100－1263－1

Ⅰ．人… Ⅱ．人… Ⅲ. 安全教育－青少年读物 Ⅳ.
X925－49

中国版本图书馆 CIP 数据核字（2009）第 204799 号

书　　名	人身安全与生命自护	
	REN SHEN AN QUAN YU SHENG MING ZI HU	
编　　者	《人身安全与生命自护》编写组	
责任编辑	陶　莎	
装帧设计	三棵树设计工作组	
出版发行	世界图书出版有限公司　世界图书出版广东有限公司	
地　　址	广州市海珠区新港西路大江冲 25 号	
邮　　编	510300	
电　　话	020-84452179	
网　　址	http://www.gdst.com.cn	
邮　　箱	wpc_gdst@163.com	
经　　销	新华书店	
印　　刷	唐山富达印务有限公司	
开　　本	787mm×1092mm　1/16	
印　　张	13	
字　　数	160 千字	
版　　次	2009 年 11 月第 1 版　2024 年 2 月第 7 次印刷	
国际书号	ISBN　978-7-5100-1263-1	
定　　价	49.80 元	

光辉书房新知文库
"生命教育"丛书编委会

"光辉书房新知文库"

总策划/总主编:石　恢

副总主编:王利群　方　圆

本书作者

张　帅　张艳

序：让生命更加精彩

在中国进入经济高速发展，物质财富日渐丰富的同时，新的一代年轻人逐渐走向社会，他们中的许多人在升学、就业、情感、人际关系等方面遭遇的困惑，正在成为这个时代的普遍性问题。

有媒体报道，近30%的中学生在走进校门的那一刻，感到心情郁闷、紧张、厌烦、焦虑，甚至恐惧。卫生部在"世界预防自杀日"公布的一项调查数据显示，自杀在中国人死亡原因中居第5位，15~35岁年龄段的青壮年中，自杀列死因首位。由于学校对生命教育的长期缺失，家庭对死亡教育的回避，以及社会上一些流行观念的误导，使年轻一代孩子们生命意识相对淡薄。尽快让孩子们在人格上获得健全发展，养成尊重生命、爱护生命、敬畏生命的意识，已成为全社会急需解决的事情。

生命教育，顾名思义就是有关生命的教育，其目的是通过对中小学生进行生命的孕育、生命的发展等知识的教授，让他们对生命有一定的认识，对自己和他人的生命抱珍惜和尊重的态度，并在受教育的过程中，培养对社会及他人的爱心，在人格上获得全面发展。

生命意识的教育，首先是珍惜生命教育。人最宝贵的是生命，生命对于我们每个人来说，都只有一次。在生命的成长过程中，我们都要经历许许多多的人生第一次，只有我们充分体验生命的丰富与可贵，深刻地认识到生命到底意味着什么。

生命教育还要解决生存的意义问题。因为人不同于动物，不只是活着，人还要追求人生的价值和意义。它不仅包括自我的幸福、自我的追求、自我人生价值的实现，还表现在对社会、对人类的关怀和贡献。没有任何信仰而只信金钱，法律和道德将因此而受到冲击。生命信仰的重建是中小学生生命教育至关重要的一环。这既是生命存在的前提，也是生命教育的最高追求。

生命教育在最高层次上，就是要教人超越自我，达到与自身、与他人、与社会、与自然的和谐境界。我们不仅要热爱、珍惜自己的生命，对他人的生命、对自然环境和其他生命的尊重和保护也同样重要。世界因多样生命的存在而变得如此生动和精彩，每个生命都有其存在的意义与价值，各种生命息息相关，需要互相尊重，互相关爱。

生命是值得我们欣赏、赞美、骄傲和享受的，但生命发展中并不总是充满阳光和雨露，这其中也有风霜和坎坷。我们要勇敢面对生命的挫折和苦难，绝不能在困苦与挫折面前低头，更不能抛弃生命。

生命是灿烂的是美丽的，生命也是脆弱的是短暂的。让我们懂得生命，珍爱生命，使我们能在生命中的每一天，都更加充实，更加精彩！

本丛书编委会

前　言

　　在写作这样一本面对青少年朋友的书时，我们这些作者其实都有些茫然。因为尚未为人父母，我们并不太清楚当代的孩子们会需要什么样的信息，我们这样的努力是否能够满足你们的需要；而作为大学教师和法律工作者，我们又由衷地希望自己能够把我们所学的精华、所忧虑的事项全都告诉你们，好让你们尽早地掌握必要的知识，建立强大周密的防护系统，避免各种侵害，快乐、健康、平安地学习和生活。

　　《人身安全与生命自护》这本书中所涉及的内容都与日常的学习和生活密切相关，只有人身安全了，我们才可能萌生起对其他目标追求的兴趣。著名学者马斯洛曾说过："人有五种需要：生理需要、安全需要、社交需要、尊重需要和自我实现的需要。"可见"安全"对于人来说是如此的重要。"安全"是简单的两个字，却饱含着许多的祝福和期盼；安全是沉重的两个字，浸蕴着多少血泪与辛酸。孩子是父母的一切，如果没有孩子的平安健康，何来幸福美满的家庭，又怎么会有和谐强大的国家？因此，我们把父母、祖（外祖）父母、老师和全社会对你们的关爱都凝聚在笔端，希望能为你们撑起一片安全的港湾。生命，对于我们每一个人来说都只有一次，你们是安全的，我们就是幸福的。珍爱生命，防范事故，远离危险，共创安全。

青少年是祖国的未来，你们有怎样的生活环境和人生感悟，实际上就会在将来给我们国家的人民创造什么样的社会生活。因此，我们在编写各种安全警示时，不断地在反省着我们这些成年人为你们提供的安全洁净的环境太少太少了，我们需要告知你们警惕和防范的事项太多太多了，这让我们有些汗颜。正是这样的一种情绪又在不断地激励着我们竭尽全力去搜集资料、尽可能地丰富内容，希望能够给你们提供更多的帮助。

　　而又是在这样一种反省中，我们也希望青少年朋友在不断地接受现代科技给我们生活提供的各种便捷享受时，逐渐确立起理性的认识，清醒地意识到任何事物都具备有利有弊的两面性，就如同一枚钱币的两面。这个世界有太多的困难、太多的竞争、太多的诱惑和太多的危险，但是这个世界也有太多的成功、太多的合作、太多的感动和太多的美好。如果你们能够学会冷静理性地看待这一切，在善于保护自己的同时，善待他人、关爱大自然，若能够达致这样的目的，那将是我们最大的欣慰。古希腊哲人亚里士多德曾说：人生最终的价值在于觉醒和思考的能力，而不只在于生存。我们面对的这个世界虽然并不完美，甚至存在诸多缺陷，但是如果你们能够透过字里行间领悟到我们真诚的努力的话，相信你们在成长的过程中，也会和我们一起去改变世界、帮助他人、完美人生。

编　者

CONTENTS

目 录

第一章　饮食安全

在青少年的成长过程中，由于学习压力比较大，加上我们的身体正处于快速发育时期，所需要的营养也会比较全面。因此，科学选择食物将有助于我们强健体魄，顺利完成学业。那么，我们每天应该吃些什么呢？

一、有益于青少年成长的食物

中国人传统的饮食结构是很科学的，这已经得到世界各国营养学家的高度认同，并且成为世界卫生组织向其他食用快餐食品国家民众推荐的经典食物搭配范本。中国人的饮食结构是一个金字塔形，其中位于塔基的是比例较高的米面食品，位于中层的是蔬菜和水果，位于塔尖的才是肉蛋禽类食品。而流行快餐文化的国家民众的食品构成则是一个倒金字塔形，这并不利于身体的健康。

除了坚持中国的传统饮食结构外，作为青少年时期的我们，还可以更为明确地食用以下食物。

每天都可食用的食物：

1. 豆类：这类食物很有营养，它们含有大量的叶酸、纤维、铁、镁及少量的钙；同时，它们又是获取蛋白质的良好来源，而且也是那些低热量素食的最佳选择。对于青少年，尤其是想要瘦身的学生来说，可真是一个很好的选择。我们可以早上喝豆浆，午饭和晚饭吃豆制品，甚至可以喝豆类稀饭，如黄豆、绿豆、红豆、黑豆、大豆、饭豆等做的稀饭。

2. 奶制品：奶制品不但能够提供充分的钙元素，而且它还含有大量的蛋白质、维生素和矿物质。这些都是帮助骨骼生长的关键元素。美国政府营养指示建议大家每天要摄入 3 份量的低脂奶制品，同时还建议每天做承重活动训练，可以强健骨骼。

如果无法每天都食用奶制品，那么其他含钙元素的食物包括甘蓝、花椰菜或者像中国传统食物中含钙元素高的豆制品（豆奶、豆浆、豆腐脑、豆腐等）、谷物等都可以替代奶制品，我们都可以去尝试。这些食品帮助我们强健骨骼，并且低脂奶制品是最好的零食了，因为它们不但含有碳水化合物，还含有蛋白质，这些都是人体新陈代谢必需的养分。

3. 鱼：鱼含大量的 Omega－3 脂肪酸。这种脂肪酸可以对抗疾病，帮助降低血内脂肪量，同时还可以预防和心脏病有关的血凝。中国的鱼类资源很多，平时我们的餐桌上都会有鱼，记住要多吃啊！鱼不仅是美味佳肴，而且还有利于大脑发育，这对于我们提高学习效率、破解学习中的难题都会有帮助的。

4. 蔬菜类食物：也许大家还记得"大力水手"，他可是吃菠菜才变得如此有力的哦！蔬菜是保护人类健康的朋友，比如说菠菜、甘蓝、白菜、生菜、胡萝卜、西红柿等等，都为我们的身体提供养分，因为它们都含有大量的维生素、矿物质元素、β－胡萝卜素、叶酸、铁元素、镁元素、抗氧化物等。比如菠菜含镁量高，可以有效降低糖尿病2 型的病发可能性，这种疾病在我们青少年中并非少见，所以平时也需要注意。

又如胡萝卜中含有丰富的胡萝卜素，在肠道中经酶的作用后可变成人体所需的维生素 A。人体缺乏维生素 A，易患干眼病、夜盲症，易引起皮肤干燥，以及眼部、呼吸道、泌尿道、肠道黏膜的抗感染能力降低。青少年缺乏维生素 A，牙齿和骨骼发育还会受到影响。因此，要多吃胡萝卜，就像小兔子一样！胡萝卜现在已成为世界公认的营养佳品，它在国外不仅被称为蔬菜，而且还被称为水果呢。

以后在吃饭时，大家可要好好地"眷顾"这类蔬菜，包括营养超级高的菠菜、胡萝卜和其他蔬菜。西红柿也能提供丰富的维生素 A、维生素 C、钾和植物化学物质。即使每餐都吃些西红柿，也是很好的。生吃、熟食、切片吃等都可以，你甚至可以拿来当作小吃。将菠菜和奶酪还有西红柿一起可以做出很美味的一道菜哦。这样的食物可以帮助你对抗疾病，强健体魄。

5. 全谷类食物：早晨上学前，长辈们一般会督促我们去吃些麦片粥或者全麦食物等，中国传统的饮食习惯是很科学的哦！因为麦片中的可溶纤维可以降低血胆固醇水平，而其所含的纤维量又可以使你在每餐之间的学习、运动时间里不感到饥饿，同时还可以促进你的消化，避免你饿得"前胸贴后背"的痛苦！而全谷类食品则含有叶酸、硒元素、维生素 B 等有益于心脏健康的元素。这些元素和维生素还可以控制你的体重，并减少患糖尿病的危险。我们每天都可以吃全谷类食物，如全麦、大麦、黑麦、稻谷、糙米米饭或稀饭，以及全麦面食、面包等。正在长身体的青少年消耗大，可以多吃，不要担心会长胖。

6. 鸡蛋：研究表明，鸡蛋提供的一些成分可以促进眼睛健康，并有助于防止老年性黄斑变性，防止老年人的失明现象。美国心脏协会已经对鸡蛋的价值大加赞赏，推荐大家每天都吃鸡蛋。当然了，你每天都必须控制胆固醇摄入量为300毫克。如果你可以做到这点，那么你就可以每天都尽情享受一个鸡蛋了。但是，记住要吃干净的鸡蛋，在禽流感高发期，我们尤其应当注意鸡蛋的卫生。

7. 坚果：我们都知道坚果含有大量的脂肪，但坚果是很健康的一种食物。无论是单未饱和脂肪还是多未饱和脂肪，都可以帮助降低胆固醇水平，并有助于预防心脏病。要想获取大量的蛋白质、纤维、硒、维生素E和维生素A，坚果便是一个很好选择。例如，榛子、腰果、栗子、核桃、杏仁、松子等坚果能增加能源和克服饥饿，可以帮助学习者顺利完成每天的任务。当然了，坚果中也含有大量的卡路里，所以享受坚果的同时，也要注意不要吃过多哦。

8. 水果：众所周知，吃水果对身体健康有利，但是，哪些水果对身体健康最有利，并能够达到治病的效果，可能大家不太清楚。下面给大家介绍一下：

苹果：因为苹果中富含纤维物质，可以补充人体足够的纤维质，降低心脏病发病，还可以减肥。实验证明，糖尿病患者宜吃酸苹果；而心血管病患者和肥胖者宜吃甜苹果；治疗便秘时可吃熟苹果；睡觉前宜吃鲜苹果，可以消除口腔内的细菌，改善肾脏功能；如果要治疗咳嗽和嗓子嘶哑，那就要吃生苹果榨成的汁；将苹果泥加温后食用，是治疗儿童与老年人消化不良的好药方。国外曾经有句谚语："Eat an apple every day, keep the doctor away."（每日一苹果，医生远离我。）

杏：杏含有丰富的β-胡萝卜素，能够很好地帮助人体摄取维生素 A。

香蕉：香蕉中钾元素的含量很高，这对人的心脏和肌肉功能很有好处。

莓类食物：蓝莓是含抗氧化物质最高的水果，排在第二名的是小红莓，其次是黑莓和草莓。莓的颜色来源于花青素的色素，抗氧化物质可以中和自由基，这种自由基可以引起慢性疾病，如癌症、心脏病等。对于各种莓类食物，你可以当作零食来吃，也可以加入酸奶吃，总之单独吃或者与其他食物混合着吃都可以。

甜瓜：维生素 A 和维生素 C 的含量都很高，是补充维生素的理想食物。

樱桃：樱桃能帮助人保护心脏健康。

柑橘类水果：能帮助减少尿路感染的概率。

紫葡萄：其类黄酮等物质能对心脏提供三重保护作用等。

其实，大多数水果都对人体有益，但最好是吃当季的新鲜水果，经过长时间存储的水果，其营养成分会流失，并且存储时喷洒的保鲜剂等对人体也存在危害。

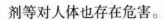

9. 红薯、土豆等：除了上述食物外，我们还可以多吃红薯、土豆等食物，它们含有大量的营养物质，而且红薯里的纤维能促进消化道的健康。想象一下烤红薯、醋熘土豆丝的美味吧，那甘香甜美会使你垂涎不已。

10. 益智食物。科学实验成果显示，有许多食物与营养素，在适量的摄取后，能够使我们变得更聪明。如深海鱼类、贝类、特级橄榄油等，它们中富含人体大脑所需的酪氨酸、麦硫氨，而且有些还有运送氧气的功能，如蒜头、薏米、芦荟等，能促进氧气的运输，从而使我们产生更强的记忆力。

每天除了吃这些食物外，我们也还可以进食其他种类的食物，无需完全局限于上述范围。总而言之，就是不要偏食。

二、警惕有毒有害的食物

在进食安全洁净食物的同时，我们还要警惕有毒有害的食物，防止"病从口入"。

1. 发芽、变色的土豆：土豆又称马铃薯、山药蛋、洋山芋。如果食用发芽或储存不当而出现黑斑的马铃薯，可能会引起中毒。据了解，马铃薯如发芽、

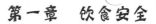

皮变绿后会产生龙葵素。龙葵素中毒后，潜伏期为数十分钟至数小时，患者出现舌、咽麻痒、胃部灼痛及胃肠炎症状、瞳孔扩散、耳鸣等症状；重病者抽搐、意识丧失甚至死亡。

2. 冬季腌制的酸菜、咸菜等：经过一个冬天的储存和春季气温的升高，酸菜、咸菜中亚硝酸盐的含量增加，一次性食用过多或颜色过深的酸菜或咸菜，容易引发亚硝酸盐中毒。

3. 四季豆：四季豆含皂甙和血球凝集素，若加热不彻底，毒素留存易导致食物中毒。在校园发生食物中毒的原因很多，其中就有四季豆加热不彻底引发的群体性中毒事件。

4. 大棚培育的蔬菜水果：大棚种植的植物对农药需要量较大，如果阳光照射不够，植物进行光合作用时就不能完全将农药去除，所以，清洗不净时会导致农药中毒。

5. 腐烂的白菜：大白菜的叶子中含有较多的硝酸盐，腐烂后其含量会明显增高。一旦大量进食，经肠道细菌作用，会还原成亚硝酸盐而发生中毒。主要表现为头晕、呕吐等，严重的会出现呼吸困难、血压下降。为防止中毒，应避免蔬菜在高温下长时间堆放。

6. 生豆浆：生豆浆中含有一种有毒的胰蛋白酶抑制物，饮用后容易中毒，所以，豆浆一定要彻底煮熟后饮用。需要提醒的是，豆浆加热到一定程度后会出现泡沫，这并不意味着它已经煮熟了，应继续加热5～10分钟，至泡沫消失才可饮用。

7. 鸡蛋：如前所述，新鲜鸡蛋对人体的健康必不可少，但是有些鸡蛋是不能食用的，如裂纹蛋、粘壳蛋、臭鸡蛋、散黄蛋、死胎蛋、发霉蛋。总之，这些"坏蛋"统统不要吃。

8. 霉变食物：其毒性都很强，因此在就餐时，需要特别谨慎，避免食用。

9. 高糖、高盐、高脂肪的食物：青少年吃含糖分过多的食物容易发胖，影响活动力及智力；吃太咸的食物容易引起高血压；而高胆固醇及高脂肪食物则对心脏不利。

10. 快餐食品：快餐食品往往色好味香，很受青少年欢迎，但这些食品大都高热量、高脂肪而少纤维质，常吃会引起营养不均衡，影响青少年的生长发育。青少年应注意选择含丰富蛋白质的食物，保证每餐进食多样化食物。现在发达国家像英美等国的快餐业在本国的销售业绩逐年下滑，就是因为他们的国民深知洋快餐的危害；而在我国的销售业绩持续增长，说明我国国民对此问题的认识还不透彻，需要从我们这一代青少年做起，少吃或不吃洋快餐。

三、食物的宜忌搭配

（一）常见的食物宜忌搭配

在日常生活中，我们应该注意不要同时食用以下食物，否则有可能引起中毒或减损营养的摄入量：

1. 豆浆冲鸡蛋：鸡蛋中的黏液性蛋白会与豆浆中的胰蛋白酶结合，从而使食物失去应有的营养价值。

2. 茶叶煮鸡蛋：茶叶中除生物碱外，还含有酸性物质。这些化合物与鸡蛋中的铁元素结合，对胃部也会相应地产生一定的刺激作用，而且也不利于消化吸收。

3. 土豆烧牛肉：由于这两种食物所需的胃酸浓度不同，势必会延长食物在胃中的滞留时间，从而造成胃部消化吸收的时间延长，加重胃肠负担。

4. 高蛋白加浓茶：有些人喜欢在进食许多肉类、海产品、贝类等高蛋白食物后，频频饮用浓茶，误以为饮用浓茶就可以去除高脂肪、清心醒脑助、消化。其实，恰恰相反，茶叶中的鞣酸与蛋白质相结合，会生成具有收敛性的鞣酸蛋白质。该蛋白质使人的消化系统、排泄通道不适，大、小肠道蠕动减慢，粪便在肠道的滞留时间延长，这是产生便秘的因素之一，也会增加有毒物质和致癌物质被人体吸收的危险。

5. 牛奶与橘子同食：牛奶与橘子等酸性水果同食，或者是刚刚喝完牛奶就吃橘子，就会将牛奶中的蛋白质无形之中与橘子中的果酸——维生素 C 相结合而凝固成块，这样会影响消化吸收，而且也会引发腹胀、腹痛。

6. 粉丝与油条：很多人边吃油条边喝粉丝汤的习惯就很不好。油条在油炸过程中，也会使用一点明矾，再与粉丝一起吃，会吸收过多的铝。建议吃粉丝时要搭配蔬菜和粗粮一起吃，因为蔬菜和粗粮中的纤维会起到干扰铝吸收的作用。另外，需要提醒的是，尽量少吃粉丝，因为摄取过多的铝会导致老年痴呆症。

7. 菠菜与猪瘦肉：菠菜含铁丰富，猪瘦肉含锌丰富。铁是制造红血球的重要物质之一，又为钙和脂肪代谢所必需的元素。如果把含铁丰富的食物和含锌较高的食物混合食用，则铁的析出量会大量减少，身体对铁的吸收也会减少，产生不利影响。

8. 菠菜与鳝鱼：导致腹泻。菠菜不能与鳝鱼同食，菠菜性甘冷而滑，下气润燥；而鳝鱼则性甘大温，补中益气，除腹中冷气。二者性味功效不协调，同食容易导致腹泻。

9. 菠菜 + 豆腐：豆腐里含有氯化镁、硫酸钙这两种物质，而菠菜中则含有草酸，两种食物遇到一起可生成草酸镁和草酸钙，不能被人体吸收。

10. 菠菜与黄瓜：破坏维生素 C。黄瓜含有维生素 C 分解酶，若与菠菜同时食用，菠菜中的维生素 C 会被分解破坏，发挥不了营养的作用。此外，芹菜与黄瓜也不能同食，其理相同。

11. 韭菜与蜂蜜：导致腹泻。韭菜辛温而热，含大蒜辣素和硫化物，与蜂蜜的食物药性相反，所以二者不可同食。另外韭菜含有较多的膳食纤维，能增进胃肠蠕动，有泻下作用，而蜂蜜可润肠通便，二者同食易导致腹泻。韭黄也不可与蜂蜜同食，其理相同。

12. 韭菜与牛奶：影响钙的吸收。牛奶含钙丰富。钙是构成骨骼和牙齿的主要成分。牛奶与含草酸较多的韭菜混合食用，会影响钙的吸收。

13. 人参忌萝卜、大蒜：西洋参等都是常见的补药，而萝卜有顺气、促消化的作用，二者同时服用，萝卜会化解人参的药力。同理，在吃其他大补的药物时，前后一小时内也不能吃萝卜、大蒜等促消化的食物。

14. 板蓝根忌冷饮：板蓝根是居家常备药。此药性凉，服用前后若吃冷饮，将会凉上加凉，导致肠胃难以承受而引起腹泻。绿豆、香蕉、黄瓜等凉性食物都不宜与板蓝根同食。

15. 鸡肉和芝麻：芝麻能滋补肝肾，养血生津，润肠通便，乌发，但与鸡肉同食会中毒，严重的可导致死亡。

16. 白萝卜和木耳：萝卜性平微寒，具有清热解毒、健胃消食、化痰止咳、顺气利便、生津止渴、补中安脏等功效。但须注意萝卜与木耳同食可能会得皮炎。

17. 西红柿和鱼肉：西红柿中的维生素 C 会对鱼肉中的铜元素释放产生抑制作用，使人体难以对铜彻底吸收。

18. 鲫鱼和冬瓜：鲫鱼性温味甘，能和胃补虚、消肿去毒、利水通乳，但若与冬瓜同食会使身体脱水。低血压和身体虚弱者不宜食用。

19. 猪蹄和黄豆：黄豆纤维中的醛糖酸残基可与猪蹄中的矿物质合成螯合物，干扰或降低人体对这些元素的吸收。

20. 豆腐忌蜂蜜：二者同食导致耳聋。

21. 巧克力与牛奶：这两者同食易结成不溶性草酸钙，还会导致头发干枯。

22. 牛奶与果汁：果汁属于酸性饮料，能使蛋白质凝结成块而影响人体对其吸收，降低牛奶的营养。

（二）身体不适时的饮食宜忌

1. 发烧时的饮食禁忌：

第一，不宜饮茶。茶叶含有丰富的单宁酸，单宁酸不仅有升高人体温度的作用，而且还会降低退热药物的效果，所以发烧期间最好不要喝茶水。以喝白开水为好。

第二，不宜多吃鸡蛋。鸡蛋含有丰富的蛋白质，发热期间吃鸡蛋，其蛋白质在体内分解后，会产生一定的额外热量，使肌体热量提高而加重和延长发热。

第三，不宜服蜂乳。蜂乳乃益气补中之品，发热期间服用，等于火上加油，将有碍病情康复。

第四，不宜多吃油腻食物。油腻食物难以消化，多食会加重胃肠的负担。另外，油腻碍邪，能助湿恋热，使病症不易痊愈。

2. 女生来月经期间的饮食宜忌：

第一，不宜饮茶。茶水将使人体所需的铁、钙质大量流失，在生理期间饮茶容易引起贫血。

第二，不宜吃菠菜。与茶水的道理基本一致，也是容易引起铁、钙质的流失。

第三，不宜吃生冷寒凉的食物，如冰激凌、雪糕、冷饮等低温食物或者莲子羹等偏寒凉的食物。

3. 患眼病期间的饮食宜忌：

现代医学研究发现，患有青光眼、白内障、结膜炎、麦粒肿、干眼症等眼病的人若长期大量地食用大蒜类食物，会出现视力下降、耳鸣、头昏脑涨、记忆力减退等症状。因此，眼病患者应少吃大蒜类食物，如大蒜、洋葱、大葱等，否则，会"伤肝损眼"。

4. 患肝炎的饮食宜忌:

很多人认为吃大蒜能预防肝炎,甚至有人在患了肝炎后仍然大量地吃蒜。这种做法是错误的。首先,大蒜并不能杀死肝炎病毒。其次,大蒜中的某些成分能刺激人的胃肠道,抑制消化液的分泌,会使肝炎患者恶心、腹胀的症状加重。另外,大蒜中的挥发性成分可使人血液中的红细胞和血红蛋白的数量减少,这不利于肝炎患者的康复。因此,肝炎患者也应避免吃大蒜类食物。

让我们记住流行于民间的这首食疗歌吧!

盐醋防毒消炎好,韭菜补肾暖膝腰。

萝卜化痰消胀气,芹菜能降血压高。

胡椒去寒又除湿,葱辣姜汤治感冒。

大蒜抑制肠胃炎,绿豆解暑最为妙。

梨子润肺化痰好,健胃补肾食红枣。

番茄补血美容颜,禽蛋益智营养高。

花生能降胆固醇,瓜豆消肿又利尿。

鱼虾能把乳汁补,动物肝脏明目好。

生津安神数乌梅,润肺乌发食核桃。

蜂蜜润肺化痰好,葡萄悦色人年少。

香蕉通便解胃火,苹果止泻营养高。

海带含钙又含碘,蘑菇抑制癌细胞。

白菜利尿排毒素,菜花常吃癌症少。

四、健康吃喝的方法

（一）防止"病从口入"

1. 注意个人卫生。饭前便后要用肥皂或洗手液洗手，每次洗手次数不少于 3 分钟，包括指甲缝里都要清洗。

2. 生吃瓜果要认真清洗，并将腐烂部分摒弃。

3. 远离无证食品摊档。在外就餐时尽量不要选择无证无照的"路边摊"，而要去看上去卫生条件好、管理严格的饭馆。青少年学生由于活动量大，消耗多，再加上生长发育的需要，因此常常会感觉到饿，需要不断地补充营养，往往会利用放学和课间的时间到学校附近购买食品、饮料等。因此，许多小商小贩、食品饮食店摊都把目光瞄准了中小学生。这中间有些经营者未经工商和食品卫生管理部门批准，没有经过卫生知识培训，没有经过健康体检，食品卫生无法得到有效的保障。同时这些摊担为了减少成本，多赢利，常会出售各种来路不明、没有质量保证的食物和饮料等。为了我们的人身安全，我们应当远离那些没有食品卫生许可证和工商执照的摊担，尤其是流动性的摊档。否则，一旦出现问题，很难追查责任，维护权利。

4. 就餐时如有异味要马上停止，不能不当回事。在外就餐要吃经过长时间高温蒸煮后的食物。在上学放学途中，尽可能地不食用路边摊档制作的食品。一次性餐具也存在消毒不干净的问题，要注意检查。

5. 一旦吃过东西后，如发现胃里有不舒服的感觉，应马上用手指或筷子等帮助催吐，并及时到医院寻求救治。

6. 购买包装食品要仔细查看食品标签。食品标签是指食品包装上的附签、吊牌、文字、图形、符号以及一切说明物。它是用来表明食品的质量特性、安全特性和食用、饮用的方法、要求等。仔细阅读食品标签可以帮助我们迅速清晰地掌握该食品的基本状况，以便作出选择。

7. 家庭制作食物时，注意要做到生熟分开，尤其是案板、刀具等直接接触食物的用具；做好烹饪用具的消毒；食物要密闭存放，减少被外界污染的机会。

为了防止"病从口入"，我们在挑选购买食品的时候，一定要做到"四防"：

一防"小"。购买食品时，不要到小作坊、小摊小贩手中购买。80%以上的食品质量安全问题都是出自于不规范的小企业、小作坊，他们的食品生产加工门槛低、设备简陋、生产条件差，特别是一些现制现做的，最好少购买。建议选购时，要选正规企业的知名品牌，防止非法经营的小摊小贩出售的三无食品。

二防"怪"。生产加工者为了满足消费者心理，往往追求颜色、形状等外观上的"卖相"好。曾经有一个故事，说卖肉的还开个饺子店，好肉就拿出来卖，差些的就包在饺子里煮给大家吃，一则饺子有皮，看不见里面的情况；二则可以在饺子中添加各种作料，这样大家也吃不出来。这个故事告诉我们，在挑选食物时，要十分警惕哦！异常红的鸭蛋可能添加"苏丹红"；过分白的食品可能添加了漂白剂、

15

"吊白块";特别瘦的肉可能添加瘦肉精;异样黄的黄鱼可能被硫黄熏染过;十分鲜艳的蜜饯等零食可能色素添加严重超标;体格超大的草莓可能是被催熟的;过分粗壮的无根豆芽可能被施加过化学药水;牛奶中可能会有三聚氰胺……国内市场就多次检测出甜味剂、防腐剂使用超标的蜜饯、果脯、山楂羹、易拉罐碳酸饮料等。多食这样的食品有可能致癌。

色素使用超标的往往是酱卤、灌肠类制品、休闲类干制品、五彩糖等。长期食用这些食品,健康会受到影响,过量的污染物还会损害人体主要脏器,尤其对生长发育会有危害。所以,尽量不买不吃那些格外艳丽、口感异常(如甜得发苦、涩味明显等)的食品。特别是发现食品包装低劣,陈旧污损,有使用过的痕迹,食品标签不全,没有生产者名称、地址,没有生产日期、保质期的食品,应当坚决拒绝。在选购时,要注意防范异常的不自然的食品,不要过分追求颜色好看,个头硕大。

三防"散"。散装食品最容易有问题。加入甲醇的散装假白酒致残致死人命案历年来是我国食品安全的最严重事件之一。据每年食品质量抽检,其中高温季节散装熟食合格率最低。超市里有些散装食品因为不包装,看不到生产日期、保质期和生产厂家等食品标识,更容易发生质量安全问题;有些食品是在顾客选好装袋后才打日期标签的,而该食品很可能早几天前就已制作出来了。因此,尽可能不购买没有食品标识的食物,尽可能不要购买容易腐烂变质的食物,如蛋糕面包等就应尽可能地选择当天生产的。

四防"低"。如果看到过分低于正常价格的食品，其中可能就有猫腻。比如：可能原料质量有问题，如用死家禽加工制作熟禽，用猫代替兔子，用头发制作酱油等。一定要到正规超市去选购正规厂家生产的名牌产品。

（二）正确的"吃"法

1. 不要在打闹嬉戏时吃东西。青少年活泼好动，放学或课余常在一起打闹嬉戏。有的同学往往会在这时买来食物与朋友分享。但一边玩闹一边吃东西容易发生意外。因为嬉闹时注意力分散，而食物在口腔内咀嚼时，会因说话、突然的大笑、叫喊、追逐、跳跃等，意外滑入食道或气管。轻者引起呛咳、卡噎；重者甚至导致气管异物堵塞，造成严重后果。

2. 哭泣时不要吃东西。哭泣时，人的鼻咽喉部活动频繁，如果此时吃东西，有可能引发意外。

3. 看书时不要吃东西。边看书边吃东西，血液难以提供给大脑和胃部两个部位的动力，一方面影响消化，因食物进入胃部需要分泌胃酸，增加胃部负担；另一方面，看书需要大脑活动，没有足够的血液输送氧气，看书效果也不好。

4. 走路尤其是横过马路时不要吃东西。边走路边吃东西，一是路上灰尘较大，影响身体健康；二是不安全。尤其是横过马路时吃东西，存在严重的安全隐患，应坚决摒弃这种做法。

5. 要定时定量进食。青少年经常饮食不定，一旦进食时又常因食欲不佳而吃得较少，或因饥饿过度而狼吞虎咽，这些做法都容易引起胃病。因此，要保证早、中、晚三餐定时定量，此外还可在上午和下午课间操时适当进食以保证学习和体育锻炼的需要。

6. 防止偏食。青少年体内特别需要各种蛋白质和维生素，偏食往往会导致营养不均衡，进而影响其正常发育，尤其缺少铁质容易造成贫血。因此，多吃、全面地吃各种食物，将有助于身体健康和正常发育。

（三）各种食物的进餐顺序

1. 汤类。"饭前喝汤，胜似药方"。吃饭前，先喝几口汤，等于给消化道加点"润滑剂"，并且提醒身体内的各种器官做好准备，使食物能顺利下咽，防止干硬食物刺激消化道黏膜，从而有益于胃肠对食物的消化和吸收。若饭前不喝汤，吃饭时也不进汤水，则饭后会因胃液的大量分泌使体液丧失过多而产生口渴，这时才喝水，反而会冲淡胃液，影响食物的吸收和消化。所以，有营养学家认为，养成饭前和吃饭时进点汤水的习惯，可以减少食道炎、胃炎等的发生。但吃饭时将干饭或硬馍泡汤吃却不同了。由于汤泡饭饱含水分，松软易吞，人们往往懒于咀嚼，把食物快速吞咽下去，这就给胃的消化增加了负担，

日子一久，就容易导致胃病。

2. 蔬菜。人体对蔬菜的消化时间远远短于对肉类的消化时间，如果我们先吃肉食，再吃蔬菜，那么肉类正在消化还没有完全消化之前，蔬菜就已经开始腐烂了，这对我们的肠胃而言是极不健康的。

3. 米饭面食。米饭、面食等含淀粉及蛋白质成分的食物，则需要在胃里停留一段时间。有些人光吃菜，不吃米饭，这是不对的。米饭中含有人体所需的营养成分。常言说得好："人是铁，饭是钢，一顿不吃饿得慌"。米饭和面食补充了我们人体所需要的基本物质。

4. 肉类。曾经有德国科学家做过试验，肉类在人体肠胃中经过 8 个小时仍尚未完全分解为人体能够吸收的营养成分，由此可见过多地食用肉类将大大增加我们消化系统的负担，不利于身体健康。

5. 水果。各种水果的共同特点是富含各种营养物质，食用后对人体健康大有益处。水果的主要成分是果糖，无需通过胃来消化，而是直接进入小肠就被吸收。含鞣酸成分多的水果，如柿子、石榴、柠檬、葡萄、酸柚、杨梅等，不宜与鱿鱼、龙虾、藻类等富含蛋白质及矿物质的海产品同吃。同吃后水果中的鞣酸不仅会降低海产品中蛋白质的营养价值，还容易和海产品中的钙、铁结合成一种不易消化的物质，这种物质能刺激胃肠，引起恶心、呕吐、腹痛等。所以营养专家建议，食用了这些海产品后，应间隔 2~3 小时后再享用水果。

6. 饭后尽可能地不吃甜点。甜点最大的害处是会中断、阻碍体内的消化过程，胃内食物容易腐烂，被细菌分解成酒精及醋一类的东西，产生胃气并导致各种肠胃疾病。

综上所述，健康的进餐顺序应为：汤→蔬菜→饭→肉→半小时后再食用水果。

（四）怎样喝水更安全

青少年活动量大，所需的水分也比较多。在家里，一般喝白开水或者桶装矿泉水，在外出时，也有可能要选购一些饮用水。那么，怎样才能喝到健康洁净的水呢？

1. 把自来水煮沸后喝比较安全。把水煮沸后饮用，是我国人民普遍的生活习惯。煮沸后，水中的微生物可以被杀死，这是古人解决生物污染的良策。在煮沸过程中，还可以去除水中一些易挥发物质。因此，通常情况下，喝煮开了的水是比较安全的。但是，下列情况就要特别注意了：

（1）在被污染过的水源取水，煮开也不能保证安全。被污染水体中的重金属、砷化物、氰化物、亚硝酸盐等有害物质，特别是有机污染物（农药、杀虫剂、除草剂、合成洗涤剂）等，煮开水是奈何不了的，相反，还会由于煮沸后使水浓缩而使各种有毒有害物质的浓度增加。因此，一旦水受到污染，应立即停止取用。

（2）用铝或铁制成的容器煮水时，水中的亚硝酸氮（一种强烈致癌物质）会明显增加。据资料报道，用铁制容器煮沸水时，水中的亚硝酸氮增加 2~3 倍，但与煮沸的时间无明显的关系。而用铝制容器煮沸水时，水中的亚硝酸氮随煮沸时间的延长而明显增加，煮沸 5 分钟后为原水的十余倍，煮沸 20 分钟后则增加到近百倍。

（3）水烧开后，水中含氧量急剧下降，不利于人体新陈代谢。众所周知，氧是人体必需元素，生水中的含氧量比开水高出许多倍，故生水有利于人体健康。人们都知道，开水烧的时间不宜过长，蒸饭的水不能喝，不能用凉开水、蒸馏水养鱼、浇花等，就是开水缺氧的缘故。因此，水煮开后三分钟内必须停止加热，以免成为"无氧水"。

此外，对于盛水的装置，也要定期清洁。据专家对用过3个月的保温瓶胆的水垢作过化学分析，发现水垢内含有许多对人体有害的重金属，这些重金属离子对人体的毒害可以在体内积蓄，并随着积蓄量的增加而日益严重地危害人体。怎样有效地清除这些水垢，办法很简单，把清洗干净的鸡蛋壳放入暖瓶中，倒上少量的食用醋，来回摇动暖瓶，直至水垢全部清除。

2. 瓶装、桶装的纯净水、矿泉水并非都安全

当你渴得嗓子冒烟，快步走进商店，迅速伸手拿出冰冰凉凉的矿泉水、纯净水，购买后咕咚咕咚喝下，十分惬意时，你能确定你刚刚喝下的瓶装饮用水是健康安全的吗？其实，纯净水也并不一定都"纯净"。

曾有份报导说，德国科学家调查全球一百多个包装饮用水品牌，发现这些水放得越久，瓶里的物质锑释出越多，半年就会增加一倍，但其含量仍在世界卫生组织的标准值内。为了身体健康，应尽可能掌握选择诀窍。喝瓶装水必知5个诀窍：

第一，看外包装。外包装是否完整，标示是否清楚，瓶盖处是否有破损，倒拎瓶装水看是否有滴水现象。

第二，看内装水。内装水有无悬浮微粒，如有，切忌勿买勿喝。

第三，看放在哪儿出售。如非放在阴凉处勿买，因为瓶装水瓶身都注明了在阴凉处保存，如果在太阳下暴晒的，就已经影响到水质。此外，买了也勿放置在车内。车厢内气温过高，不利于瓶装水的保存。现在很多家庭都有汽车，而在车后备箱中放置整箱的瓶装水也并不少见，这时我们就应该记住车厢内不要保存瓶装水。

第四，看出厂日期。勿购买长期放置的瓶装水，也不要长期储存瓶装水，尽可能购买出厂日期在一个月内的瓶装水，以免变质。

第五，开封后，应赶快喝完，以免细菌数增加，影响水质。

3. 饮料不能代替水

据报道，过度饮用可乐饮料可能导致心动过速、骨质疏松和肌肉瘫痪等健康问题。每天饮用2升以上的人，可能出现的健康问题包括龋齿、糖尿病、骨质疏松、低血钙质和血钾水平过低，而血钾水平过低可能增加罹患肌肉瘫痪、心脏机能障碍等可能导致死亡的疾病的风险。因此，提醒正在长身体的年轻朋友们及其家长要正确对待饮料和水的关系，切不可以饮料代替水，失去生命的支撑。

（五）怎样喝牛奶更健康

1. 牛奶并不是越浓越好。有人认为，牛奶越浓，身体得到的营养就越多，这是不科学的。所谓过浓牛奶，是指在牛奶中多加奶粉少加水，使牛奶的浓度超出正常的比例标准。也有人唯恐新鲜牛奶太淡，便在其中加奶粉。实际上，按照说明书搭配的正常比例是完全可以满足人体每天对奶制品的需要的。

2. 牛奶中所加的糖分并非越多越好。加糖必须定量，一般是每100毫升牛奶加5～8克糖，并且最好是蔗糖。蔗糖进入消化道被消化液分解后，变成葡萄糖被人体吸收。还有加糖的时间也应科学把握，即应先把煮开的牛奶晾到温热（40℃～50℃）时，再将糖放入牛奶中溶解。

3. 牛奶加巧克力对身体产生不利影响。液体的牛奶加上巧克力会使牛奶中的钙与巧克力中的草酸产生化学反应，生成草酸钙。于是，本来具有营养价值的钙，变成了对人体有害的物质，从而导致缺钙、腹泻、少年儿童发育推迟、毛发干枯、易骨折以及增加尿路结石的发病率等。

4. 新鲜牛奶煮沸后难于保证营养。通常，牛奶消毒的温度要求并不高，70℃时用3分钟，60℃时用6分钟即可。如果煮沸，温度达到100℃，牛奶中的乳糖就会出现焦化现象，而焦糖可诱发癌症。其次，煮沸后牛奶中的钙会出现磷酸沉淀现象，从而降低牛奶的营养价值。

5. 不要在牛奶中添加橘子汁、橙汁或柠檬汁。在牛奶中加点橘汁、橙汁或柠檬汁，表面上看味道鲜美，但实际上，橘汁、橙汁和柠檬汁均属于高果酸果品，而果酸遇到牛奶中的蛋白质，就会使蛋白质变性，从而降低蛋白质的营养价值。

6. 不要在牛奶中添加米汤、稀饭。牛奶中含有维生素A，而米汤

和稀饭主要以淀粉为主，它们中含有脂肪氧化酶，会破坏维生素 A。孩子如果摄取维生素 A 不足，会发育迟缓，体弱多病，所以，即便是为了补充营养，也要将两者分开食用。

上述种种错误的做法，提醒我们要科学饮用牛奶。

（六）控制盐的摄取量

我国有 1.6 亿高血压患者，食盐过多正是导致高血压多发的重要原因之一。世界卫生组织推荐，健康成年人每天盐的摄入量不宜超过 5 克，包括通过各种途径（酱油、咸菜、味精等调味品）摄入盐的量。

（七）预防农药中毒

1. 一般购买蔬菜水果后，在食用前应先将其清洗干净，然后放入清水浸泡两次，每次时间为 15 分钟以上。

2. 对于一些容易残留农药的蔬菜水果，在食用前务必用清水冲洗后再食用。如外表不平或多细毛的蔬果，就较易沾染农药，因此应特别注意。此外，当发现蔬菜水果表面有药斑，或有不正常、刺鼻的化学药剂味道时，表示可能有残留农药，应避免选购。

3. 连续性采收的农作物（可长期而连续多次采收），如菜豆、豌豆、韭菜、小黄瓜、芥蓝等，须长期且连续地喷洒农药。食用前应特别加大清洗次数及时间，以降低其农药残留量。

4. 在市场上应挑选最新鲜的蔬菜水果。不应贪图便宜而购买萎蔫蔬菜水果。新鲜蔬菜在冰箱内储存期不应超过 3 天。凡是已经发黄、萎蔫、水渍化、开始腐烂的蔬菜都不要食用。

5. 不吃形状、颜色异常的蔬菜。颜色正常的蔬菜，一般是常规栽培，是未用激素等化学品处理的，可以放心地食用。而颜色"异常"的蔬菜可能用激素处理过。如韭菜，当它的叶子特别宽大肥厚，比一般宽叶韭菜还要宽1倍时，就可能在栽培过程中用过激素；未用过激素的韭菜叶较窄，吃时香味浓郁。有的蔬菜颜色不正常，也要注意，如草头叶片失去平常的绿色而呈墨绿色，毛豆碧绿异常等，它们在采收前可能喷洒或浸泡过甲铵磷农药，不宜选购。有些形状、颜色异常的蔬菜，如经查实确系新品种，则另当别论。

6. 不吃"多虫"、"多药"蔬菜。在众多蔬菜中，有的蔬菜特别为害虫所青睐，可以称之为"多虫蔬菜"；有的菜害虫不大喜欢吃，可以叫它作"少虫蔬菜"。出现这种情况是由蔬菜的不同成分和气味的特异性决定的。"多虫蔬菜"中，"出名"的有青菜、大白菜、卷心菜、花菜等，"少虫蔬菜"有茼蒿、生菜、芹菜、胡萝卜、洋葱、大蒜、韭菜、大葱、香菜等。"多虫蔬菜"由于害虫多，不得不经常喷药防治，势必成为污染重的"多药蔬菜"。平时应尽可能多选那些"少虫蔬菜"。不过，在温度较低的季节，由于害虫休眠越冬，农药的喷洒也停止，这时少量食用"多虫蔬菜"也无妨。

对上市蔬菜检测后发现，各种蔬菜的硝酸盐富集程度强弱不等，由强到弱的规律是：根菜类、薯芋类、绿叶菜类、白菜类、葱蒜类、豆类、瓜类、茄果类、食用菌类，硝酸盐含量高低相差可达数十倍。其规律是蔬菜的根、茎、叶的污染程度远远高于花、果、种子，这可能是生物界普遍存在的保护性反应。这个规律很有用，它可以指导我们正确地消费蔬菜，尽可能多吃瓜果实和食用菌，如黄瓜、番茄、毛豆、香菇等。如果你很喜欢吃叶菜，也不要太为难自己，注意补充一些维生素即可，因为维生素 C 能阻断亚硝酸胺的形成，可减轻叶菜潜在的危险。

"水汆"蔬菜可减低农药残留。除了把握好安全选购第一关外，加工制作也要注意方法。蔬菜清洗后，要浸泡半小时，然后在加工时用开水汆一下，可把部分残留在蔬菜上的农药在水中溶解，接着再浇点油或拌点油，既好吃，又安全。

五、饮食意外发生时的自我急救

（一）鱼刺等鲠喉时的紧急处理

日常生活中，在吃东西时不小心被鱼刺、果冻、竹签、鸡骨、鸭骨等鲠住咽喉的意外常有发生。咽部被鲠处多位于扁桃体上、舌根、会厌等处。当进食中有可能因仓促进食而发生鱼刺等鲠喉时，应特别小心。此时大多有刺痛或吞咽时加重，影响进食，对于青少年，较大的异物还可引起呼吸困难及窒息。此时，应积极进行处理：

1. 令病人张口，用筷子或匙柄轻轻压住舌头，露出舌根，打着手电筒看能否看到有鱼刺等异物。如有时可用镊子将异物夹出。

2. 如病人自觉鱼刺等鲠在会厌周围或食管里，不易取出时，可让病人含一些食醋，慢慢地吞下，或用中药乌梅（去核）蘸砂糖含化咽下，或用中药威灵仙 30 克，加水两碗，煎成药，在 30 分钟内慢慢咽下，一日两剂，一般吃 1～4 剂，鱼刺即可软化自落痊愈。

如方便时，最好能就医处理。至于民间有些人习惯用大口吞咽饭团或菜团的方法，企图把鱼刺压到胃内。这种方法有时会适得其反，轻则加重局部组织损伤，重者可造成食管穿孔，甚至伤及大血管引起大出血。

在此提醒各位同学：吃东西时一定要细嚼慢咽，切忌狼吞虎咽啊！

（二）四季豆（扁豆）中毒的救治

前面我们讲过了，四季豆（扁豆）中含有皂素等有害物质，如果吃了加热不透的四季豆，半小时到几小时之内就可发生中毒，表现为恶心呕吐、血细胞增高。如果恶心呕吐，不要惊慌，应尽可能地将食物吐出。一般情况下，中毒轻者经过休息可自行恢复，用甘草、绿豆适量煎汤当茶饮，有一定的解毒作用。毒情较重者，应立即送往医院救治。

（三）蘑菇中毒的救治良方

一旦误食蘑菇中毒，要立即催吐、洗胃、导泻。可先用手指、筷子等刺激其舌根部催吐，然后用 1：2000～1：5000 高锰酸钾溶液或浓茶水等反复洗胃。此后，让中毒者大量饮用温开水或淡盐水，以减少毒素的吸收。如果毒情严重，应立即送往医院救治。

（四）食物一般细菌性中毒的自救

食物在制作、储运、出售过程中处理不当会被细菌污染。食用这样的食物会导致细菌性食物中毒。

1. 中毒催吐后如胃内容物已呕完仍恶心呕吐不止，可用生姜汁 1 匙加糖冲服，以止呕吐。

2. 生大蒜 4 至 5 瓣，每天生吃 2 至 3 次。大蒜是一种健康食品。临床研究发现，大蒜中含有蛋白质、脂肪、糖类、维生素及钙、磷、铁、硒等多种对人体有益的成分。人们常吃大蒜不但能健胃消食，还能起到调节血脂、降低胆固醇、抑制肿瘤细胞生长及提高身体免疫力的作用。大蒜对细菌性食物中毒的效果也是极其明显的。不用吃药，光吃几颗大蒜，我们就能战胜细菌！

3. 几天内尽量少吃油腻食物。

（五）亚硝酸盐中毒的解毒法

误食亚硝酸盐的人通常会出现胸闷憋气、紫绀的现象。一旦发生亚硝酸盐中毒应立即抢救，迅速灌肠、洗胃、导泻，让中毒者大量饮水。

切记：1. 患者一定要卧床休息，注意保暖。

2. 应将患者置于空气新鲜、通风良好的环境中。

（六）过量服用安眠药的解救法

现在的青少年多数是独生子女，平时的伙伴较少，同时面临的学习压力大，家长期望值高，一旦遇到挫折，难以自我排解时，容易实施极端的行为。一旦误服安眠药或者自行服用过量安眠药会引起急性中毒，轻者有头痛、嗜睡、眩晕、恶心、呕吐等表现；重者会出现昏睡不醒、体温下降、脉搏微弱等症状。发现者应立即采取以下措施：

1. 服药早期，可先喝几口淡盐水，然后催吐；

2. 若服药已超过 6 小时，应口服导泻药，促使药物排出；

3. 有条件的可给予吸氧；

4. 还可刺激其人中、涌泉、合谷、百会等穴。

六、警惕偏食所带来的疾病

（一）眼疾

大家都知道，青少年偏食会影响生长发育，也同样会引起眼睛疾

病。偏食常常会引起许多营养的缺乏，例如，严重缺乏维生素 A 会引起夜盲症、角膜炎、干眼病和皮肤干燥。

治疗：夜盲症主要通过加强营养治疗，提供含有丰富维生素的饮食，如富含维生素 A 的食品：牛奶、鸡蛋、胡萝卜、蔬菜叶、鱼肝油、鱼油等。角膜软化症的治疗除饮食外，还要迅速补充大量维生素 A 及其他维生素及局部散瞳、抗感染。

（二）口角疾病

春季天气较干燥，时常有人口角上起些小泡，并有渗血、糜烂、结痂，医学上称"口角炎"。口角炎是发生在上下唇联合处的炎症，有糜烂、皲裂等症状，又称口角糜烂。因病因不同而分为营养不良性口角炎、球菌性口角炎、真菌性口角炎。

营养不良性口角炎多发于儿童，主要是由体内核黄素（维生素 B_2）缺乏所引起。核黄素存在于蛋类、豆类、花生及新鲜蔬菜之中。冬春时节，新鲜蔬菜较少，人们摄入的核黄素也因之不足，再加上有些孩子偏食、挑食，就更容易引起核黄素的不足。

还有一些孩童长时间患慢性腹泻，胃肠功能紊乱，食欲较差，使机体对核黄素的吸收和转化受到影响，从而引起核黄素缺乏症。该症表现为双侧口角湿白色，糜烂或溃疡，有横的沟裂，甚者自口角向口内粘膜或口周皮肤延伸，沟裂深浅、长短不一，疼痛不明显，口角常在受刺激时疼痛。常伴有唇干燥、裂纹，偶见鳞屑，唇微肿，舌背平滑，丝状乳头萎缩，水肿肥厚的菌状乳头散布，舌缘常有齿痕，还常

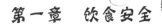

伴发唇炎、舌炎。

患这类口角炎后，家长不能错误地认为这是小毛病而掉以轻心，应该认识到这是机体核黄素不足所引起的病症，并且常常表明机体还合并其他维生素及营养物质的缺乏，如果拖延时间，将会有碍孩子的生长发育。治疗中应加强营养，补充复合维生素 B，还要多吃些新鲜蔬菜、瓜果，适量吃些乳制品、豆制品、动物肝脏、瘦肉、花生等富含核黄素的食物，主食要粗细搭配合理。

（三）皮肤疾病

偏食不但影响生长发育，还能引起皮肤病。维生素 A 缺乏时，除能引起眼干及夜盲症外，还能引起皮脂腺和汗腺萎缩，使皮肤变得干燥、粗糙，出现棘刺状或鸡皮疙瘩样的毛囊丘疹，毛发干枯，皮肤无光泽，指甲也可变脆变形。由维生素 A 缺乏引起的皮肤病多发生于有偏食习惯、食谱单调、少吃蔬菜、不吃肥肉的儿童。应多吃些富含维生素 A 的食物，如胡萝卜、萝卜、韭菜、青椒、莴苣叶、香蕉、柑橘、玉米、红薯和动物肝脏等。

维生素 B_6 能促进皮肤光滑润泽，缺乏时常引起皮肤发红、油脂和皮屑增多等脂溢性皮炎的表现。维生素 B_2 缺乏时，常发生口角炎、舌炎、唇炎及阴囊炎。豆类食品、米糠、贝类、瘦猪肉、蛋类和五谷杂粮等食品中，含有丰富的 B 族维生素。

维生素 C 缺乏时，孩子常表现为食欲不振、贫血、皮肤黏膜和牙龈容易出血。烟酸缺乏时常发生"糙皮病"。维生素 C 在人体内不能

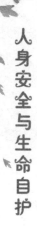

合成，也不易贮存，故必须从食物中摄取。其最好的来源是新鲜蔬菜和水果，尤其是绿叶蔬菜、西红柿、大枣、柑橘、菜花等。

（四）月经不调

月经失调常因不良生活习惯引起，不一定都源于妇科疾病。长期心情不好、压力大，乃至饮食过饱、过饥或偏食、挑食以及过热、过凉，都可能是月经失调的诱因。有些女孩子寒冬的日子也吃冰激凌，当时觉得很爽，但慢慢地就发现月经不再按时造访了，有时一个多月或是两个月来一次，量也比以前少了许多，而且伴随严重的痛经，痛得厉害时甚至出现呕吐。

不妨在食谱中添加大葱、豆类、南瓜、大蒜、生姜、栗子、橘子等食物；另外，醋、酱、植物油、辣椒、胡椒等调料及炖牛肉、鸡肉高汤，都对这种情况引起的月经不调有一定作用。

吃过多辛辣助阳的食品，可致脾胃积热，血海不宁，导致月经过多、崩漏、赤带等病；饮食过少或节食减肥，可致气血生化乏源，冲任亏损，导致月经过少、月经后期、闭经、痛经等病。

（五）糖尿病

不少人以为，"光吃菜、不吃饭"就能减肥。内分泌专家指出，"光吃菜、不吃饭"更容易得糖尿病。饭少吃了，菜吃多了，菜肴中的油和蛋白质的摄入量很高，甚至还可能超过米饭中淀粉的热量，导致热量超标、营养过剩。只吃菜、不吃饭，会导致饮食中油多、蛋白质多，热量猛增，容易得糖尿病。专家指出，包括糖尿病、癌症等在内的 90% 的成年病都与饮食不当有关。因此，我们的饮食不但要吃得卫生，而且要吃得科学、合理，进行科学配餐和平衡膳食。

在每天的饮食中，植物性食物（如蔬菜、水果、谷类和豆类）应占总量的 2/3 以上，品种保证在 5 种以上。每天吃 600 ~ 800 克谷类、豆类、植物类根茎，加工越简单的植物类食物越好。

每天吃红肉（牛、羊、猪肉）不应超过 90 克，最好以鱼和家禽代替红肉。

少吃高脂肪食物，特别是动物性脂肪。选择食用适宜的植物油并控制用量。

少吃盐，少吃腌制食物，每天每人盐的消耗量应该少于 6 克，少吃精制糖和甜食。

（六）贫血

如果我们所摄取的食物中缺少铁，则会导致贫血。要想改变缺铁的状况，我们除了注意增加含铁食物的摄入外，应多用铁锅烹调或补充含铁药物。

（七）孤独症

研究表明，我国幼儿孤独症患者已高达 65 万人。其典型表现为：性情孤僻，缺乏情感，行为迟钝，甚至语言发育障碍，胆怯恐惧，不与人交往。引起儿童孤独症的原因除封闭式住宅使儿童缺少与外界交流外，还有一个重要因素，就是酸性食物与该病密切相关。由于现代生活水平的提高，家庭中的高脂肪、高蛋白和高糖类营养品日渐增多，而蔬菜、杂粮、水果和白开水等日趋减少。现代医学研究表明，高脂肪、高蛋白和高糖类食物中所含的磷、硫、氯等在人体内表现为酸性，故被称为"酸性食物"。若长期大量摄入肉类、高糖等酸性食物，血液会随之酸化，呈现酸性体质，使机体内环境平衡发生紊乱，从而影响幼儿的性格和心理发育。

因此，要保持健康乐观的心态，就要多吃杂粮、新鲜蔬菜、水果等，因其富含钾、钙、钠和镁等，在人体内表现为碱性，而被称为"碱性食物"。尤其是富含纤维素的食物，如芹菜、菠菜、韭菜、笋等，这些蔬菜还含有多种维生素、微量元素和矿物质。

第二章 交通安全

衣食住行，是人们生活的四个重要方面，同时也是日常生活中容易发生危险的四个领域，对于外出读书、购物、旅游等"出行"活动，我们应该掌握哪些基本的常识，以帮助我们安全出行、平安回家呢？

一、道路交通安全基本常识

（一）指挥灯信号

1. 绿灯亮时，准许车辆、行人通过，但拐弯的车辆要避让直行的车辆和被放行的行人通过；

2. 黄灯亮时，禁止车辆、行人通行，但已超过停车线的车辆和已进入人行横道的行人可以继续通行，但要服从警察的手势，确保安全；

3. 红灯亮时，不准车辆、行人通行；

4. 绿灯亮时，准许车辆按箭头所示方向通行；

5. 黄灯闪烁时，车辆、行人须在确保安全的原则下通行。

（二）人行横道信号灯

1. 绿灯亮时，准许行人通过人行横道；

2. 绿灯闪烁时，不准行人进入人行横道，但已进入人行横道的，可以继续通行；

3. 红灯亮时，不准行人进入人行横道。

行走时，以下情况最危险：（1）横穿马路很容易出危险；（2）三五成群横着走在非人行道上；（3）行走时一心两用，边走边看书，或边走边想问题，或边走边聊天，边走边玩；（4）上、下班高峰过后，马路上车辆稀少，因为路上车少人稀而思想麻痹；（5）下雨天打伞通过马路。下雨天打伞，应将雨伞高举过头顶，保证左右两个方向的来车情况都一目了然。如果雨伞倒向一边，往往使行人只注意到一方来车情况，而忽视另一方来车情况，这是十分危险的做法。

我们在穿越马路时，要注意以下问题：

1. 行人穿越马路，须在人行横道内行走，遵守信号的规定。没有人行横道的，须直行通过，不准在车辆临近时突然横穿；

2. 有人行过街天桥或地道的，须走天桥或地道，不得贪图便利，横穿马路；

3. 通过没有交通信号控制的人行横道，须注意车辆，不要相互打闹、追逐、猛跑；

4. 不准跨越、倚坐路边护栏；

5. 不准在道路上扒车、追车、强行拦车或抛物击车。

预防公路交通事故时应注意：

走路要走人行道，不要嬉戏和打闹。

如果没有人行道，靠边行走要记牢。

过街要走斑马线，选择天桥地下道。

遇到三者都没有，左顾右盼不乱跑。

平时走路要专心，东张西望可不行。

马路行走要注意，不要贸然跑过去。

雾、雨、雪天最危险，更需警惕不松懈。

安全措施提前做，杜绝隐患保安全。

（三）常用的交通求助电话

交通事故报警电话：122；

医疗急救求助电话：120；

火灾求救电话：119；

警用求助电话：110。

（四）危险品种类

第一类：爆炸或易爆物品，如雷管、手榴弹、炸药、烟花、鞭炮、导火线等；

第二类：压缩气体和液化气体，如石油液化气瓶、天然气瓶和其他各种压缩气瓶等；

第三类：易燃液体，如汽油、煤油、柴油、油漆、酒精、香蕉水等；

第四类：易燃固体、自燃物品和遇湿易燃物品，如硫黄、黄磷、白磷、过氧化钠、碳化钙（电石）、钠、钾等；

第五类：强氧化剂，如浓硝酸、浓硫酸、浓盐酸、王水等；

第六类：毒害品和感染性物品，如氯化汞、氰化钾、三氧化二砷（砒霜）、尼古丁、石棉、各类农药等；

第七类：放射性物品，如镭、钋、铀等；

第八类：腐蚀品，如醋酸、磷酸、氨水等；

第九类：其他可能影响乘客人身安全的物品。

在各种交通工具上，如公共汽车、火车、飞机、轮船等明显位置，都会标注"严禁携带各种易燃易爆物品乘坐"的字样，其中的易燃易爆物品就是指上述物品。因此，在我们乘坐各种交通工具时，要特别注意不要擅自携带这些物品，同时也要警惕那些携带上述物品的人的行为举止，发现异常，立即报警。

二、乘坐交通工具的安全常识

现代交通工具日益多样，过去有马车、牛车，现在则有汽车、轮船、地铁和飞机，也许将来还会出现更加快捷的交通工具。在我们的日常生活中，交通工具占据着越来越重要的地位，发挥着越来越大的作用。然而，每年因为交通事故造成的人员伤亡损失也很惨重，对个人和国家都造成了巨大的影响。因此，我们有必要掌握基本的安全常识。

（一）自行车

我国交通法规明文规定，12岁以下儿童不能骑车，但城市骑车的

12岁以下儿童不少。由于中小学生年龄较小、路况条件等原因，他们骑自行车已经成为我国交通事故的一个高发点。因此，有必要认真做好防范。

1. 不要骑快车、追尾或超车等。青少年的赛车、山地车等比较多，在道路上出现车速过快、相互赶超的情况，容易发生恶性交通事故。因此，必须严格遵守交通规则，才能降低日益增多的事故比例。

2. 过马路时要下车，应走人行横道。要学会估测往来车辆与自己之间的安全距离，当车辆正在行驶或者疾速行驶时，你与来车距离15米内时不能抢道，25米以上才较安全。通过郊外马路时，要与来车的距离大于40米以上才能通过。在公路上骑车，千万不要抓住正在行驶的机动车或者紧跟在其后，以免车速过快、不稳而摔倒，或因机动车突然刹车而被撞伤。

3. 骑车不慎将要跌倒时，尽可能地做好防护。遇到意外时，迅速地把车子抛掉，人向另一边跌倒。此时，全身肌肉要绷紧，尽可能用身体的大部分面积与地面接触。注意：不要用单手、单肩或单脚着地，以免造成严重的挫伤、脱臼或骨折等后果。

做到"九不"：不打伞骑车；不脱手骑车；不骑车带人；不骑"病"车；不骑快车；不与机动车抢道；不平行骑车；不在恶劣天气

下骑车；不满 16 周岁的公民，不在道路上骑电动车、摩托车。

总结骑自行车时应注意的事项：

马路学车很危险，车来车往不安全。

僻静操场人少处，家长陪同慢慢练。

年龄不满十二岁，不能上路乱骑车。

平衡掌握不完全，情况紧急就危险。

骑车之前严检查，注意车铃和车闸。

车况完好危险少，生命安全才不怕。

骑车要走车行道，若无划分靠右边。

不得逆行、闯红灯，路口、转弯要减速。

骑车速度要适中，不要乘机逞英雄。

打闹、带人危险大，双手撒把瞎胡闹。

雨天骑车穿雨衣，不要打伞把车骑。

别为赶路车速快，注意暗井和沟渠。

雪天骑车要注意，车胎别充太多气。

轻捏车闸不急拐，碰到险情提前避。

在搭乘他人，尤其是同学的自行车时，一定要注意安全，不能嬉笑打闹、不顾交通安全催促他人横冲直撞，与其他通行的骑车同学互相追逐玩耍；搭乘时要始终侧坐或者朝前坐，不能冲着后面坐，以防前方出现危险时，反应不及。尽可能地不要搭乘年纪小的同学的自行车，可选择乘坐公共交通工具或者步行的方式上学和放学。

（二）汽车

1. 依次候车，待车停稳，先下后上；

2. 不准在行车道上招呼出租汽车；

3. 不准携带易燃、易爆等危险品乘坐公共汽车或者出租汽车；

4. 在机动车行驶中，不准将头、手伸出车窗外；

5. 在车辆尚未停稳前，不得跳车或扒开车门；

6. 手应抓牢车上固定的物体或安全带。

同学们在乘坐公共汽车时，要做到以下几点：

（1）上车前先看清公共汽车是哪一路，因为公共汽车停靠站，往往是几路公共汽车同一个站台，慌忙上车，容易乘错车。

（2）待车子停稳后再上车或下车，上车时将书包置于胸前，以免书包被挤掉，或被车门轧住。

（3）上车后不要挤在车门边，往里边走，见空处站稳，并抓稳扶手，注意头、手、身体不能伸出窗外，否则容易发生伤害事故。

（4）乘车要尊老爱幼讲礼貌，见到老弱病残者及孕妇、带小孩的要主动让座。

（5）乘车时不要看书，否则会损害眼睛。

（6）乘车时不要用手机发短信，否则容易引起恶心、呕吐等症状，也容易引起小偷的注意，发生盗窃事件。

让我们记住：

乘坐公共汽车时，上车下车要注意。

等车停稳别着急，先下后上守秩序。

下车以后过马路，来往车辆要注意。

人行道上左右看，确定没车才过去。

各种车辆速度快，前排应系安全带。

头手胳膊要管好，不要伸出车窗外。

卡车、拖拉机安全差，小孩最好别坐它。

特殊情况不得已，蹲在车厢别站起。

搭乘摩托戴头盔，坚决不坐酒鬼车。

遇到事故车翻滚，双手抱头紧缩身。

平时打车要耐心，出租车站慢慢等。

不要着急把路赶，机动车道把车拦。

（三）轮船

船票分普通船票和加快船票，普通船票又分为成人票、儿童票（1.10～1.30 米的儿童）和残废军人优待票。

青少年身高在 1.10 米以下的，不需要购票；在 1.10～1.30 米之间的，购买儿童票；身高超过 1.30 米以上的，则需购买成人票。

乘坐轮船等水上交通工具时，不要嬉戏、打闹；不要靠近船舷；不要将身体伸出船只外；不要攀爬。

下列物品不准携带上船：

1. 法律明令限制运输的物品；

2. 有臭味、恶腥味的物品；

3. 能损坏、污染船舶和妨碍其他旅客的物品，如爆炸品、易燃品、自燃品；

4. 腐蚀性物品、有毒物品、杀伤性物品以及放射性物质。

（四）火车

乘坐火车时，要听从随行家长和列车乘务人员的安排，不要擅自行动，以防走失或受伤。

站台候车要注意，站在安全白线内。

来往列车速度快，卷下站台把命丢。

乘坐火车要记住，别停车厢连接处。

容易夹伤和扭伤，易生事故不安全。

易燃易爆危险品，不要全往列车带。

一旦燃烧或爆炸，害人害己罪不轻。

（五）飞机

民用航空飞机一般是比较安全的，但也不能因此而忽视了安全问题。乘坐飞机时，应遵守以下安全常识：

1. 进入隔离区时，要遵守规定，自觉地接受安全检查；

2. 随身携带的物品中，不得夹带禁运、违法和危险物品，包括易燃物、易爆物、腐蚀物、有毒物、放射物品、可聚合物质、磁性物质、成瘾药物及其他违禁品；

3. 在候机厅要遵守秩序，不得追跑、打闹；

4. 要按顺序登机和下机；

5. 进入机舱内对号入座坐好，听从机组工作人员安排，系好安全带，不要随意更换座位；

6. 要认真阅读飞机上的（安全须知），了解机上的安全设施、设备及其位置；要弄清所坐位置到安全出口的路线和距离。

7. 飞机在起飞和飞行过程中，禁止使用电子电气设备（包括移动电话、寻呼机、游戏机、手提电脑、调频调幅收音机等），禁止吸烟。

8. 在正常情况下，不得擅自动用飞机上的应急出口、救生衣、氧气面罩、防烟面罩、灭火器材等救生应急设施、设备和标有红色标识的设施。

此外还要记住：不要为陌生人捎带行李物品。

（六）地铁

现在大城市的交通十分拥挤，因此地铁开始在各大城市中逐渐盛行，作为一种较新的交通工具，地铁以其快捷的速度为广大乘客提供了很大的便利。

在地铁站内，乘客应该：

1. 留意车站及列车导向标志；

2. 留意车站通告及广播，并遵守指示；

3. 正确使用进、出站闸机，待前面的乘客通过及闸门关闭后方可使用；

4. 在安全线以外候车，先下后上，上下车时不要拥挤；

5. 给老弱病残孕及其他有需要的乘客让座；

6. 留意列车广播，提前做好下车准备；

7. 小心照顾同行的小孩和老人；

8. 按照提示，正确使用安全及紧急设施；

9. 一旦发生紧急情况，立即通知车站工作人员。

在地铁内，乘客严禁：

1. 吸烟；

2. 奔跑、嬉戏、翻越闸机和栏杆；

3. 进入地铁隧道、高架线路等非公众区域；

4. 不得携带过大的物件或货物、宠物及其他禽畜或危险类物品。

（七）电梯

电梯是人们日常的垂直交通工具，作为乘客，在电梯正常运行时要做到安全文明使用电梯；在电梯发生故障时则必须提高自我保护意识，防止危险发生。

1. 电梯正常运行时的乘坐程序：

（1）等候电梯时，正确按下门口的上行或下行呼梯按钮，切忌同时按下"上/下行"两个按钮，这样会让电梯做"无用功"，浪费你和他人的时间和电能。等待电梯到来，如果是多台并联电梯组，可能不是你面前的一台电梯来接你，任何一台电梯的到站灯闪亮并发出到站钟响，便是邀请你到它的入口处等待。

（2）电梯开门后，乘客先下后上，如果有乘客从梯厢走出，你应往一边站，以方便他们疏散，然后进入梯厢。

（3）如果梯厢满载，等待下一台电梯。

（4）电梯关门时，不要把手或其他物体伸到两个门扇之间。

（5）发生火灾或其他紧急情况，立即通过楼梯通道疏散，因为万一电梯电源被破坏，乘客可能被关在电梯梯厢里。

2. 出入梯厢时的程序：

（1）安全快速出入梯厢，切忌在门口处停留。站在门口的乘客应先离开梯厢。

（2）正确按下目的楼层选层按钮，以保证不错过你的楼层。

（3）如果梯厢内乘客人数适中，你可以向梯厢深处移动，以方便其他乘客。

（4）带宠物的乘客要防止宠物单独活动。

（5）与电梯门保持距离，开关门时要特别注意防止衣物或其他随身物品被电梯门挤住。

（6）需要电梯门保持开门状态，应该按住开门按钮。如果自己需要搬运物品，可以请求其他乘客帮你按住开门按钮。

3. 进入电梯后的程序：

（1）靠近电梯的轿壁站立，有扶手时把手放在扶手上。

（2）注意观察楼层显示器，提前做好离开梯厢的准备。

（3）到站后电梯不开门可按下开门按钮。如果还不开门应使用报警按钮或梯厢内对讲系统或电话与中控室或物业管理部门联系，等待专职人员救援。

4. 文明使用电梯要做到：

（1）不在电梯里乱写乱画；不在呼梯面板和轿壁上刻画。

（2）不乱按电梯楼层按钮；不拿呼梯按钮当玩具。

（3）不在电梯里嬉戏打闹；防止伤害事件的发生。

（4）爱护电梯，不损坏其中的各种设备。

（5）电梯候梯厅是乘客的安全通道，应该保持候梯厅清洁畅通；不应在候梯厅堆放杂物或停放自行车。

（6）发现电梯故障及时通知房管部门或电梯维修公司。

安全提示：

（1）电梯伤人事故大多发生在门口（人员被运动中的梯厢挤压）或空井道（人员坠落）。电梯门口（厅轿门地坎处）是很危险的地方，切记不要在此停留。电梯发生故障时，远离这两个地方，你的安全就有了保障。

（2）电梯在修理过程中，万一工作人员疏忽忘记放警告标志和护栏而开着电梯门作业，你千万不可出于好奇往井道里探头。大楼的住户应记住，永远不要靠近开着门的电梯井道，防止坠落。

（3）如果你被关在梯厢里，唯一的正确出路是设法请求救援。千万不可强行扒门出逃，停在两个楼层之间的梯厢和扒开的厅门会把你置于双重危险中。在你向外爬的过程中，万一电梯运行，人即刻会被门框和梯厢挤压！即使你侥幸爬出了梯厢，当你试图向下跳到楼层地面时，身体也极易失去重心而坠入空井道！

三、不同环境下的交通安全须知

（一）铁路道口通行

青少年在步行或骑车通过铁路道口时，应注意以下规定：

1. 行人和车辆在铁路道口、人行过道及过道处，发现或听到有火车开来时，应立即躲避到距铁路钢轨 2 米以外的地方，严禁停留在铁路上，严禁抢行越过铁路。

2. 通过铁路道口，必须听从道口看守人员和道口安全管理人员的指挥。

3. 凡遇到道口栏杆（栏门）关闭、音响发出报警、道口信号显示红色灯光，或道口看守人员示意火车即将通过时，严禁抢行，必须依次停在停止线以外，没有停止线的，停在距最外股钢轨 5 米（栏门或报警器等应设在这里）以外，不得影响道口栏杆（栏门）的关闭，不得撞、钻、爬越道口栏杆（栏门）。

4. 设有信号机的铁路道口，两个红灯交替闪烁或红灯亮时，表示火车接近道口，禁止通行。

5. 红灯熄白灯亮时，表示道口开通，准许通行。

6. 遇有道口信号红灯和白灯同时熄灭时，需停车和止步观望，确认安全后，方准通过。

7. 通过设有道口信号机的无人看守道口以及人行过道时，必须停车或止步眺望，确认两端均无列车开来时，方准通行。

8. 通过电气化铁路道口时，车辆及其装载物不得触动限界架活动板或吊链；装载高度超过 2 米的货物上，不准坐人；行人手持高长物件，不准高举。

（二）路经铁路道轨

1. 不要在道轨上行走、坐卧和玩耍，不要在铁路两旁放牧。

2. 不要扒停在道轨上的列车，也不要在车下钻来钻去玩耍。

3. 不要在铁轨上摆放石块、木块等东西。

4. 不可擅动扳道、信号等设施，不可拧动铁轨上的螺丝。

5. 不得翻越护栏横穿铁路。

6. 铁路桥梁和铁路隧洞禁止一切行人通过。

7. 车辆不能从没有道口或其他平面交叉设施的铁路道轨上穿越。

为了预防铁路交通事故，应遵守以下规定：

铁路提速火车快，注意安全防伤害。

家长孩子和社会，一起努力少意外。

铁路线上危险大，上面行走很可怕。

快速通过别玩耍，不要逞强把车扒。

路边设施有危险，网、柱、铁塔别攀爬。

通过铁路走道口，服从管理听指挥。

栏杆关闭红灯亮，表示即将有车过。

不要着急把路赶，强行钻越栏和杆。

节约时间没多少，丢掉性命不划算。

道口若无人看守，安全就靠自己顾。

一停二看三通过，小心火车没坏处。

最忌就是双行线，站在铁道等车走。

小心谨慎保安全，粗心大意惹祸端。

（三）客运码头通行

客运码头人员众多，南来北往的人员复杂，此时在客运码头等待、登船、下船后都要注意安全。

在客运码头等待时，不要与陌生人说话；在与熟人聊天时，不要随意透露家中的情况、大人的去向，而应机警地察看周围的人员是否有陌生面孔和怪异的举动，防止别有用心的坏人临时起意，去家中行窃或者尾随自己实施侵害行为。

在登船时，不要拥挤，按照先下后上的原则有序上船。如果人员很拥挤，可以等人潮过后再登船，不要去挤，防止被挤伤或挤落水中。在工作人员的引导下排队登艇，在观海平台和浮动码头上应注意安全，以免失足落海；上下引桥台阶时要小心。登船后，应寻找船内安全的位置站立或就座，不要停靠在船舷边或者通道的中央，防止船只在靠岸停泊或者遇到风浪时，站立不稳，或者他人上下船只时被挤伤。客船未靠稳，请不要离开座位，待停稳后方可在工作人员的指挥下陆续离船。禁止在码头和船艇上吸烟。自行保管好自身携带的各类学习用具和贵重物品，以免丢失或掉入水中。

下船后，如果有同行熟悉的大人或小伙伴一起，可径直回家或者上学；如果没有同行熟悉的人而要单独一人前行时，应首先查看四周是否有陌生可疑的人员尾随，如果有，应尽可能地在沿街的店铺停留看能否摆脱其跟踪，切不可大意；或者赶回家中或学校；可寻找同一方向的大人一同前行，记住一定要提高警惕，在确保安全的情况下方可单独行事！

（四）进出火车站

火车站人来人往，在我们跟随父母出行或者跟随旅游团出行时，一定要紧紧地跟在大人身后，不要离得太远。如果遇到陌生人搭讪，切不可随意回答，不管有什么问题或者什么样的情形引起你的同情心，你也不要擅自与他说话，可以找父母、老师、导游或者警察来给予此人帮助，这并不表示你没有爱心，而是说在你的年龄和心智没有完全成熟时，不要被坏人蒙蔽了。

在等待火车到来时，一定要听从铁路管理人员的指挥，站在黄线以外安静等待，不可来回疯跑，或者擅自逃离大人的视线范围，以免影响正常上车。

在上下火车时，也要注意安全，看准台阶，不要因为东张西望、脚底不稳等原因而滑入车底或者铁轨上，以免出现恶性事故。

（五）停车坪通行

随着汽车逐渐走入寻常百姓家，停车坪也随之出现。除了规范的露天和地下停车坪外，还有许许多多不成形的各种停车坪。不管是在正规的露天停车坪，还是在光线较暗、视野较弱的地下停车坪，或者是其他各种停车坪，我们都应注意不要停留过久，一则废气太多，影响身体健康；二则来往车辆多，安全隐患大。尤其是不要在停车坪的各汽车之间穿梭、玩捉迷藏等游戏，也不要停留在车辆转弯和出入口等处，以免因视线黑角或者刹车不好而出现不必要的伤害。

（六）背街小巷场所

交通事故发生的情况是多种多样的，稍有疏忽，就会酿成大祸。有一些交通伤亡事故并不是发生在宽阔的马路上，而是在小街、胡同内和居民居住区。在城市，放学后学生玩的场所比较小。马路上踢球也容易造成交通事故。我们在马路边、胡同口、能进出车辆的家属院等地方玩耍时，一定要警惕车祸的发生。

在玩耍、通行时，要前后左右看清楚所处位置，时刻注意各种声音，尤其是汽车喇叭、自行车车铃的声音。

四、交通事故发生时的应急措施

（一）乘坐车、船时的自救

1. 要保持头脑清醒，要镇定，迅速辨明情况，寻找应付的办法。

2. 如果你能在车、船发生撞击前的短暂时间内发现险情，就应迅速握紧扶手、椅背，同时两腿微变用力向前蹬地，这样可减缓身体向前的冲击速度，从而降低受伤害的程度。

3. 如果意外事件发生得特别突然，那么就应迅速抱住头部，并缩身成球形，以减轻头部、胸部受到的冲击。

4. 切记不要死抓住某个部位，只有抱头缩身才是上策。

另外要注意，在乘坐车辆等高速交通工具时，座位上都配备有安全带，可不要小看这细细的带子，它能保护你的生命。根据世界各国交通事故调查结果，澳大利亚的安全带使用率为87%，死亡人数减少比率为15%～20%；英国的安全带使用率为92%，死亡人数减少比率为24%。

（二）他人发生交通事故时的救助

1. 立即想办法采取措施让后面的车辆停车。

2. 及时报警。应及时将事故发生的时间、地点、肇事车辆及伤亡情况，打电话或委托过往车辆、行人向附近的公安机关或执勤民警报案；同时也可向附近的医疗单位、急救中心呼救、求救；如现场发生火灾，还应向消防部门报告。

3. 保护现场。尽可能地记住现场的原始状态，包括其中的车辆、人员、牲畜等；遗留的痕迹、散落物不能随意挪动位置；防止他人故意破坏、伪造现场。

4. 协助抢救伤者或财物。对于现场物品或被害人的钱财应妥善保管，防止被盗被抢。

5. 做好防火防爆措施。应提醒相关人员关掉车辆的引导擎，消除火警隐患；现场禁止吸烟。

6. 协助现场调查取证。应如实向公安交通管理机关陈述自己所看到的事发经过和事后处理措施，以确保正义和权利得以维护。

（三）乘船落水时的自救

1. 除非是别无他法，否则不要弃船。

2. 一旦决定弃船，请在工作人员的指挥下，先让妇女儿童登上救生筏或者穿上救生衣，按顺序离开事故船只。

3. 穿着救生衣时要打两个结，以免松开。

4. 如果来不及登上救生筏或者救生筏不够用，不得不跳下水里时，应迎着风向跳，以免下水后遭漂浮物的撞击。

5. 跳水时双臂交叠在胸前，压住救生衣，双手捂住口鼻，以防跳下时呛水。

6. 跳船的正确位置应该是船尾，并尽可能地跳得远一些，不然船下沉时涡流会把人吸进船底下。

7. 跳进水中要保持镇定，既要防止被水上漂浮物撞伤，又不要离事故船只太远，以免搜救人员找不到你。

8. 为了节省体力，一般落水者都要脱掉沉重的鞋子，扔掉口袋里沉重的东西；不要贪恋财物，不要有侥幸心理。

9. 耐心等待救援，看到救援船只可挥动手臂示意自己的位置。

如果在江河湖泊中遇险，若水流不急，很容易游到岸边；若是水速很急，不要直接朝岸边游去，而应该顺着水流游向下游岸边；如果河流弯曲，应向内弯处游，通常那里较浅并且水流速度较慢，请在那里上岸或者等待救援。

（四）电梯发生意外时的自救

电梯给生活在都市的人带来不少方便，但如果电梯坏了，受困者需掌握以下自救方法，确保安全，获得救援。

被困电梯的自救方法：

1. 保持镇定，并且安慰困在一起的人，向大家解释不会有危险，电梯不会掉下电梯槽；说明电梯槽有防坠安全装置，会牢牢夹住电梯两旁的钢轨，安全装置也不会失灵。

2. 利用警钟或对讲机求援，如无警钟或对讲机可拍门叫喊，如怕手痛，可脱下鞋子敲打，并请求立刻找人来营救。

3. 如不能立刻找到电梯技工，可请外面的人打电话叫消防员。消防员通常会把电梯绞上或绞下到最接近的一层楼，然后打开门。就算停电，消防员也能用手动器，把电梯绞上绞下。

4. 如果外面没有受过训练的救援人员在场，不要自行爬出电梯。

5. 千万不要尝试强行推开电梯内门，即使能打开，也未必够得着外门，想要打开外门安全脱身当然更不行；电梯外壁的油垢还可能使人滑倒。

6. 电梯天花板若有紧急出口，也不要爬出去。出口板一打开，安全开关就使电梯煞住不动。但如果出口板意外关上，电梯就可能突然开动令人失去平衡，在漆黑的电梯槽里，可能被电梯的缆索绊倒，或因踩到油垢而滑倒，从电梯顶上掉下去。

7. 在深夜或周末被困在商业大厦的电梯，就有可能几小时甚至几天也没有人走进电梯。在这种情况下，最安全的做法是保持镇定，候机求援。最好能忍受饥渴、闷热之苦，保住性命，注意倾听外面的动静，如果看门人经过，要设法引起他的注意。如果不行，就等到上班时间再拍门呼救。

电梯突然下坠时的自救方法：

1. 现场判断：

（1）电梯出现故障而停止运行。

（2）电梯运行突然加快。

（3）电梯运行异常或有焦煳味。

2. 救治机理：

（1）在电梯的有限空间里，氧气的量也是有限的，机体在平静时耗氧量少，所以尽量保持镇静，可以使被困者在短时间内不会因缺氧而窒息。

（2）当电梯急剧下降时，被困者处于失重状态落地后容易引起身体损伤，甚至出现全身多处骨折。所以应将整个背部和头部紧贴梯箱内壁，利用箱壁来保护脊椎，同时使下肢呈弯曲状。由于韧带富有弹性，下肢弯曲可减少电梯从高处坠地时对人体造成的伤害。脖子比较脆弱，用手固定颈部可以减少颈椎骨折。

3. 急救步骤：

（1）电梯发生故障，停止运行时，要保持冷静，不要采取过激的行为，如乱蹦乱跳等，应调整呼吸，尽量平稳、缓慢地吸气与呼气。

求救：用电梯内的电话或对讲机与外界联系，还可按下标盘上的警铃报警。如果手机有信号，被困者可拨打119，向消防员求助。除此之外，也可拍门叫喊，或脱下鞋子用力拍门，以便及时传递求救信号。

等待救援：在专业人员前来进行救援时，一定要听从救援人员的指挥，配合救援行动，以保证安全。

（2）电梯运行速度突然加快时，把每一层楼的按键都按下。如果有应急电源，可立即按下，在应急电源启动后，电梯可马上停止下落。

自我保护：将整个背部和头部紧贴梯箱内壁，用电梯壁来保护脊椎；同时下肢呈弯曲状，脚尖点地、脚跟提起以减缓冲力；用手抱颈，避免脖子受伤。

急救口诀：

电梯突停莫害怕。

电话急救门拍打。

配合救援要听话。

层层按键快按下。

头背紧贴电梯壁。

手抱脖颈半蹲下。

（五）公共运输工具发生火灾时的自救

1. 当发动机着火后，驾驶员应开启车门，令乘客从车门下车。然后，组织乘客用随车灭火器扑灭火焰。

2. 如果着火部位在汽车中间，驾驶员打开车门，让乘客从两头车门有秩序地下车。在扑救火灾时，有重点保护驾驶室和油箱部位。

3. 如果火焰小但封住了车门，乘客们可用衣物蒙住头部，从车门冲下。

4. 如果车门线路被火烧坏，开启不了，乘客应砸开就近的车窗翻下车。

5. 开展自救、互救方法逃生。

在火灾中，如果衣服被火烧着了也不要惊慌，应沉着冷静地采取以下措施：

1. 如果来得及脱下衣服，可以迅速脱下衣服，用脚将火踩灭。

2. 如果来不及脱下衣服，可以就地打滚，将火滚灭。

3. 如果发现他人身上的衣服着火时，可以脱下自己的衣服或其他布物，将他人身上的火捂灭，切忌着火人乱跑，或用灭火器向着火人身上喷射。

第三章　居家安全

从青少年一天的活动看，有两个较为固定的场所，一是家里，二是就读的学校。就时间长度来看，青少年在家里活动的时间是比较长的，一般会有 12 ~ 14 小时。在家里，我们满足了最基本的生理需求，如睡眠、进食，同时也满足了我们的心理需求，因为家是心灵的港湾。因此，保证家的安全，实际上也就是为我们提供一个安全的港湾。而家庭中的各种设施设备是否安全，以及我们怎样在家庭中安全行动，就成为非常值得关注的问题。

一、正确使用各种家用电器

进入现代社会后，各种家用电器层出不穷。电灯、电话、电视机、洗衣机、冰箱、空调、电脑、微波炉等的出现，把我们从繁重的家庭事务中解脱出来，专注于各自的学习和工作，为我们提供了极大的便利。但是，被包围在大量家用电器之中的我们是否是安全的，怎样操作才是安全的？让我们一起来学习正确使用各种家用电器吧。

（一）天然气灶具

爸爸妈妈上班去了，而你一个人在家，肚子饿了，想起鸡蛋飘香，想像大人一样在家里弄点好吃的，填饱肚子。这时候，我们该怎么使用天然气灶具呢？

灶具使用时应注意以下几点：

1. 要保持厨房内的通风，在打开天然气灶具前先打开排风扇。厨房安装排风扇采用强制通风，以保证厨房内空气流通，防止煤气中毒。

2. "火等气"，即先开气而后再点火，这样安全。

3. 学会调节风门，根据火焰燃烧情况调节进风的大小，以防止出现脱火、回火和黄色火焰。

4. 用旋扭阀调节火焰大小时，一定要缓慢转动，切忌猛开猛关，以防损坏。

5. 使用燃气时，要有人照看，建议使用带熄火保护装置的"安全型"灶具。

6. 使用后、临睡前、外出时，要关闭燃气阀门。要经常检查连接灶具的胶管、接头，发现胶管老化松动，立即更换。在正常情况下，每18个月必须调换，接口处要用夹具夹紧，建议使用金属软管。

（二）燃气热水器

现在家用热水器很普遍，但是家用热水器有几种类型，如电热水器、太阳能热水器和燃气热水器，一般出现热水器中毒事件的原因主要是燃气热水器。如何才能正确使用燃气热水器，防止废气中毒事故的发生呢？

1. 不要购买非安全型燃气器具。热水器废气中毒、使用非安全型燃气器具已成为燃气事故的主要原因。有调查显示，仍有不少市民仍在使用非安全型燃气器具，包括不带熄火保护装置的灶具和自然排气式燃气热水器，长期使用这些非安全型燃气器具往往会给"燃气杀手"造成可乘之机。

2. 建议使用燃气时，四季都要保持空气流通，这是最重要的条件之一，特别是几个人连续使用热水器洗澡时，应保持一定的时间间隔，避免因室内外的空气来不及交换而导致缺氧，发生事故。

3. 超过使用年限的燃气器具应及时更新。

4. 装有燃气设备的场所不能充当卧室。

5. 不私自接装、改装燃气设备。燃气热水器应请专业人员安装，热水器最好每年进行一次清洗保养。

6. 禁止使用直排式燃气热水器和未装置排气烟道的燃气热水器，建议使用"强排风"燃气热水器。

7. 打开燃气热水器之前，先打开通风设施，如排风扇等，然后再打开燃气，再点火，最后进行沐浴。

（三）空调

在正确使用空调前，我们有必要先了解一下空调器的挑选和安装事宜：

首先，要分清空调器使用的是单相电源还是三相电源。一般家庭用空调器都是单相220伏电源，插头采用三脚插头，其中一端头是接地端，若误接入三相电源则有可能发生触电或火灾事故。其次，电源插头和导线的安全额定值要符合要求。例如，原空调器15安三脚插头，由于插座不配套，改用插头时一定不得小于 15 安，否则电源超过其安全值时，就可能发生短路、打火，引起火灾事故。最后，接地线一定要按要求接好，尽量减小接地电阻。

在了解了上述事项后，我们可以开始使用空调器了。在使用时，要注意：

1. 不要将空调器的出风口直接对着人体送风，否则容易引起风湿和骨头风痛。

2. 夏天时，室温不要调得过低，以免室内外温差过大，引发伤风感冒。冬天时，室温也不要调得过高，以便节省能源。国家号召调节室温在 26℃ 左右。

3. 不要将头、手、玩具等塞入空调主机，以免发生事故。

4. 空调器应定期保养检修，对风扇电机加注润滑油，保持清洁、防潮。

5. 空调器周围不得堆放易燃物品，更不能将窗帘、床单、被套等搭在空调器上。

6. 一天之中使用空调器的时间不宜过长，一般不超过 12 小时，同时要注意室内外空气的通风。在打开空调器的同时，应打开一小扇窗子。

7. 注意室内的湿度，使用空调器时可适当添加水分，防止人体水分的流失。

（四）电风扇

电风扇普及度高，它的使用也需高度关注，以保证安全。

1. 连续工作时间不宜过长，尽量间隔使用。停止使用时必须拔掉电源插头。

2. 不得让水或金属物进入电扇内部，以防引起短路打火。

3. 定期在油孔中加入机油或缝纫机油，保持润滑，避免电机发热。清除外壳污垢时要切断电源。

4. 发现耗电量大或外壳温度增高等异常情况，要及时检修。

5. 出现异常响声、冒烟、有焦味、外壳带电麻手等现象时，应迅速采取断电措施。

6. 不要贪玩将头、手、玩具、文具等塞入正在高速运行的电风扇风机中，以免发生不测。

（五）吸尘器

在我们帮助家长使用吸尘器干家务活时，要注意以下要求：

1. 注意不同的家具使用不同的吸尘扫帚。开启电机后，不要将硬物吸入吸尘器中，以免损伤电机。

2. 不要把吸尘器当作玩具，四处挥舞。

3. 不要将窗帘、布单等吸入吸尘器中。

4. 不要将头发、手脚靠近吸尘器，以免造成不必要的伤害。

5. 使用完后，断开电源，同时清理干净吸尘器中的垃圾。吸尘器的使用很有讲究，曾经发生过吸尘器的爆炸事故，据专家分析，"凶手"很可能就是吸尘器本身以及隐藏在吸尘器内已积累多年的灰尘。所以，家有吸尘器的朋友要注意对其进行保养，不但要放置在干燥、

清洁的地方，而且还要时常清理、擦拭。

（六）手机

由于现代通讯技术的发达，无线手机在人们的日常生活中得以普及。在现代家庭中，许多父母都给孩子配备了手机。手机既给我们的交流联系提供了便利，同时也带来了一些安全隐患。正确使用手机，已成为我们关注的一个问题。

1. 远离高温环境，不要在高温下使用手机。专家指出：一般引起手机电池爆炸的主要是电芯。电池电芯的正负两极需要用一层隔热膜包住，并且有辅助的保护电路来提高安全性。如果电池设计不合理或者是生产厂家偷工减料，比如采用的隔热膜耐热性能不过关或者根本就没有设置保护电路，电池在过度充放电或是受到外部高温的影响，就容易发生短路，从而冲破外壳发生爆炸。另外，将手机放在高温或易燃物品旁，也有可能引起爆炸。

2. 电池损坏后，不要再使用。对于已经明显鼓起来的电池就决不能继续使用了，否则实在是太危险。那些已经过了使用寿命（1～2年）的锂离子电池，电池的性能已经大幅度下降，保护电路可能已经老化，消费者应该立刻停止使用，进行更换。

3. 正常使用手机，不会出现意外情况，而在极端情况下，如挤压、刺穿、投火、高温等，则无论是正规电池还是非正规电池，都有可能发生爆炸。在使用过程中，一般最高温度不能超过60摄氏度。另外在低温环境下，电池内部化学反应会减慢，影响电池性能，但不会发生爆炸。

4. 选择正当厂家的合格产品，拒绝危害大的假冒原厂电池。钢（铁）外壳电池危险系数高，因为钢（铁）材质外壳的电池相对便宜，而且更有重量（现在很多人买电池觉得重量大就是用料足），正中了三无作坊的下怀。钢（铁）质外壳价钱便宜，但一旦爆炸起来，其伤害也是致命的，所以一定要注意！现在大品牌的原装电池都会用较轻的铝或者薄膜外壳，安全系数更高。假冒的原厂电池危害性最大，很多消费者往往花大价钱却买了假冒电池。所以，在购买电池时，要提高自己的产品鉴别能力，或者去有信誉的手机商家处去购买。

（七）电脑

随着科技的不断发展，电脑已逐渐走进普通家庭。青少年朋友可以利用电脑查找学习所需的资料，扩充自己的眼界。但是，电脑对人体生理和心理方面的负面影响也日益受到人们的重视。怎样才能减少危害呢？

1. 增强自我保健意识。一般来说，电脑操作人员在连续工作 1 小时后应该休息 10 分钟左右，并且最好到操作室之外活动活动手脚与身体。平时要加强体育锻炼，增强体能。

2. 注意电脑的操作环境。电脑室内光线要适宜，不可过亮或过暗，避免光线直接照射在荧光屏上而产生干扰光线。

3. 注意正确的操作姿势。应将电脑屏幕中心位置安装在与操作者胸部同一水平线上，最好使用可以调节高低的椅子。坐着时应有足够的空间伸放双脚，不要交叉双脚，以免影响血液循环。

4. 注意保护视力。要避免长时间连续操作电脑，注意中间休息。要保持一个最适当的姿势，眼睛与屏幕的距离应在40～50厘米，使双眼平视或轻度向下注视荧光屏，这样可使颈部肌肉轻松，并使眼球暴露面积减小到最低。

5. 注意补充营养。电脑操作者在荧光屏前工作时间过长，视网膜上的视紫红质会被消耗掉，而视紫红质主要由维生素A合成。因此，电脑操作者应多吃些胡萝卜、白菜、豆芽、豆腐、红枣、橘子以及牛奶、鸡蛋、动物肝脏、瘦肉等食物，以补充人体内维生素A和蛋白质。此外，可以多喝些茶，茶叶中的茶多酚等活性物质会有利于吸收与抵抗放射性物质。

6. 注意保持皮肤清洁。电脑荧光屏表面存在着大量静电，其集聚的灰尘可转射到脸部和手的皮肤裸露处，时间久了，易发生斑疹、色素沉着，严重者甚至会引起皮肤病变等。

（八）电视机

电视机已成为我们生活中的一个重要伙伴。通过它，我们了解世界上发生的重大事件；通过它，我们收获了知识的乐趣和生活的愉悦。但是，如果不正确使用电视机，它可能也会给我们造成

伤害哦!

1. 电视机的两侧和后方的辐射最强,因此在打开电视后,要迅即离开这两个区域,即使在电视机的正面观看电视,也要离开 3 米以上,一方面是为了保护视力,而另一方面则是防止电磁辐射的危害。

2. 电视机在开启后,不要长时间地观看,应当有时间控制。比如 2 个小时后予以关闭,一方面是保护我们娇嫩的视力,另一方面也是保护电视机。电视机内的阻燃物在高温时会发生裂变,产生高浓度溴化二噁英和其他溴系有毒物质,危害人体健康。二噁英具有强烈致癌性,同时会引发心血管病、免疫功能受损、内分泌失调、流产或精子异常等疾病。电视机内积聚的灰尘会不断向外扩散,形成可吸入颗粒物,严重危害人体健康。所以,看电视时最好每隔 1 小时进行一次 10 分钟左右的通风换气,从而有效降低可吸入颗粒物和溴化二噁英的浓度。

3. 不要边看电视边吃饭,因为二噁英对食物有极强的吸附能力。看电视时应该坐在电视的正前方,最佳距离是电视画面对角线长度的 6 倍 ~ 8 倍。看完电视后应用温水清洗脸部、手部等裸露的皮肤。日常除注意电视机的外部保洁外,也可用小型吸尘器对散热孔做简单除尘。

4. 电视机在关机后,应当拔掉电源,这样可以为家庭节省电费,也可以为国家节省能源,一举两得!

(九)微波炉

微波炉由于其快速洁净地完成烹饪工作而受到越来越多家庭的喜

爱。但是，微波炉的使用特别需要讲究方法，只有科学正确地使用它，才能拥有安全健康的食物。

1. 微波炉的电磁辐射是所有家用电器中最强的，因此在开启微波炉后，要迅速离开至少3米以外，以免被伤害。

2. 不能使用微波炉来加热各种液体饮料，包括咖啡、可乐等，否则容易引起炸伤。

3. 使用微波炉加热或烹饪食物，应使用专门的器皿来盛放，不要图一时方便而随手使用错误的器皿，不能使用金属及金属镶边的器皿、木制器皿、不耐高热的普通塑料、纸制器皿盛放食物加热，不宜采用过厚或厚薄不均匀的玻璃、陶瓷器皿盛放食物加热，以免造成伤害。

4. 在烹饪食物前，土豆、苹果、梨等带皮无孔的水果、蔬菜宜先去皮或刺孔。鸡蛋不宜放入炉内烹调，否则可能产生爆裂。瓶装、袋装食物须开口后放入炉内加热，否则其内气体膨胀后也可能爆裂。

5. 不能用微波炉加热牛奶，因为牛奶中的氨基酸经微波炉加热后，一部分会转变为对人体有害的物质，影响营养的吸收。

二、谨防家庭中的潜在"杀手"

（一）餐具中的隐形"杀手"

你家里的碗、筷、勺、盘、锅都安全吗？或许你还不知道，漂亮餐具很容易成为危害健康的隐形"杀手"吧，那就让我们来揭开这些漂亮餐具背后隐藏的危险。

1. 竹木餐具：竹木餐具本身不具毒性，但易被微生物污染，使用时应刷洗干净。涂有油漆的竹木餐具对人体有害。

2. 纸制餐具：纸制餐具的外层多附着有塑膜或蜡，不要盛放刚出锅的食物。

3. 塑料餐具：塑料餐具含有氯乙烯致癌物，长期使用会诱发癌症。挑选塑料餐具时，应尽量选择无色无味、且商品上标注了 PE（聚乙烯）和 PP（聚丙烯）字样的。平时应当避免把油装在普通的塑料瓶中。

4. 铝制餐具：铝在人体内积累过多，会引起动脉硬化、骨质疏松、痴呆等症。因此，应注意不要用饭铲刮铝锅。另外不宜用来久存饭菜和长期盛放含盐食物。

5. 铁制餐具：生锈的铁制餐具不宜使用，因为铁锈可引起呕吐、腹泻、食欲不振等症状。另外，还要注意油类不宜长期放在铁制器皿内，因为铁极易被氧化腐蚀。

6. 铜制餐具：生锈之后会产生"铜绿"，即碳酸铜和蓝矾，都是有害物质，可使人发生恶心、呕吐，甚至导致严重的中毒事故。建议不要长期使用铝锅，铝、铁制成的炊具和餐具也不要混用。

7. 陶瓷餐具：陶瓷彩釉含有铅，铅具有毒性，人体摄入过多就会损害健康。新买的餐具可以先放在醋里泡 2 ~ 3 个小时，以溶解彩釉中的有害物质。另外，彩瓷千万不要放在微波炉里加热。

8. 搪瓷餐具：含有硅酸铅之类的铅化合物，如果加工处理不好会对人体有害。购买搪瓷餐具应选工艺精湛的优质产品。

9. 仿瓷餐具：现在市面上流行一种仿瓷餐具，这种餐具的原料有些有毒，一旦遇到高温，会散发出甲醛等有害气体，对人体伤害很大。因此，家庭在选购餐具、饮具时，应尽可能地避免购买这类餐具。

（二）远离辐射最强的东西

1. 计算机。计算机在开机的瞬间屏幕会产生强辐射，因此在开机时屏幕亮起的那一刹那，尽可能地远离屏幕前方。

2. 微波炉。在使用微波炉时，最好离开方圆 50 厘米以外，否则内脏受到强辐射都不知道！另外，不要用微波炉煮开水，因为当煮好水拿出微波炉后，再加上牛奶或咖啡时，会让里头的水整个爆喷开来。

3. 阳光。容易晒黑的人，表示容易产生黑色素，黑色素可以自然抵抗紫外线，所以不必怕患皮肤癌。若不易晒黑的人无论如何一定要记得戴太阳眼镜，因为眼睛无法自我保护，晒太多容易得白内障。

4. 电线。电磁波产生最多的地方是插电的电线，所以，尽量离电线远一点。而床头音响也是不能放在床头，要放在床尾，而且睡觉时头部附近不要有插电的电线，如电话、音响、吹风机等。

5. 手机。移动式电话会伤害人体头部和眼睛，尤其是时间较长时，容易引发头疼、耳鸣、眼睛酸胀等。而手机对眼镜的影响更直接，其产生的微波在一分钟会使眼睛温度升高 0.02 摄氏度，会引发白内障。所以尽量用耳机，若不用耳机，也尽量不要戴金属框眼镜打手机。

（三）警惕装修中的危害

以往人们所用的油漆是由桐油、天然生漆作为基本原料，加上颜料来涂刷家具等，这是名副其实的"油漆"。现代的油漆既不是油，也不是漆，而是用化学物品勾兑而成，大都属于易燃易爆物品。

现代油漆中含有多种有机溶剂，如醋酸丁酯、丙酮、甲苯等。调和油漆的稀释剂（俗称"稀料"），如松香、香蕉水等，均为易燃气体。油漆喷涂后，与空气的接触面增大，溶剂很快挥发，故在喷涂油漆的场所，常有一股刺鼻的气味，这就是溶剂的气味。一升油漆会挥发出 100 多升易燃气体，与空气混合，可形成几千升爆炸性混合气体。溶剂气体比空气重，不易散发。尤其在室内喷涂油漆，易燃气体更不易逸散。刚喷涂过油漆的房间，严禁使用明火作业。

为了使油漆气体迅速散发，我们通常可将房间窗户打开或者采取强制通风的办法，待易燃气体完全逸散后再使用明火，以防止燃烧爆炸事故发生。

甲醛对人体有害，在装修房间时一定要提高安全防范意识。甲醛的藏身之处比较多，因此，一定要排除可能的安全隐患。有些装饰材料以及涂料中就有甲醛等有害物质，一旦超标就会有很大的致癌性或者毒性。经常在新闻中听到，有不少人刚刚搬进新居不久，就身体不适，一检查就发现患了癌症或者其他病症，病因何来？就来自新居里面那些含有致癌或者毒性物质的装饰材料。因此，一旦发觉室内空气刺鼻，身处其中很短时间内就有流鼻涕、流眼泪、咽喉疼痛等症状时，就一定要开门开窗通风。同时，购买一些吸附力强的植物，如吊兰、绿萝或者活性炭等消除甲醛。如果另有居处，可尽快搬离，待通风一段时间将毒性尽可能消除以后，再搬进去居住。

（四）家中光盘的存放办法

不少人都有过这样的经历，打开家中储存光盘的柜子，经常是一股刺鼻的味道扑面而来，仔细观察会发现，味道就来自于光盘本身。表面看上去，光盘光洁漂亮，但为什么会发出这种味道呢？

在目前的工艺下，光盘使用的主要材料聚碳酸酯不会散发异味，味道应该是光盘表面的涂料发出的，这些有机涂料具有和油漆大致相同的化学性质，含有苯、重金属等物质。虽然光盘的涂料用量较少，但如果大量光盘放在一起，就会对人的健康造成危害。尤其是盗版光盘，制作工艺不好，所用涂料质量差，对身体危害更大。

苯属于剧毒溶剂，即使吸入少量也会对人造成长期损害，它能在人体内蓄积，使神经系统和造血组织受到损害。如果重金属的摄入量过多，会使人慢性中毒，尤其会对儿童的智力发育造成不良影响。有些涂料中还含有 VOC，即挥发性有机化合物，对人的健康也非常不利。此外，还有一部分异味是光盘的塑料包装盒发出的，很可能来自于制作过程中添加的溶剂。

存放的方法：光盘买回家后，尽量在外面晾一段时间，再放入柜中。如果味道强烈，最好扔掉盒子，直接放入光盘架中储存。

如果家中的光盘数量少，最好常放在通风处，散散味道。另外，存放光盘的柜子最好每周打开一次，通通风。

（五）拒绝大面积地使用玻璃

家里尽量不要装饰那些容易破碎的东西，比如玻璃、木尖等容易造成尖细突出部位的材料。人的生命很脆弱，一点小小的意外就可能致命，我们不能不小心，应当拒绝大面积的玻璃幕墙或玻璃屏风。

三、家庭火灾的防范与应急处理

（一）不吸烟，营造安全环境

吸烟的危害很多，除了对吸烟者本人会造成身体上的伤害外，作为同居一室的家人来说，尤其是作为不抽烟的二手烟者来说，危害更大。因此，世界上的许多国家，尤其是发达国家逐渐意识到吸烟的危害，明令禁止在公共场合吸烟。我们国家也开始了这项工作。

青少年正处于身体发育期，吸烟对身体的影响很大，而且容易形成烟瘾，难以戒除。除了对身体的伤害外，吸烟还容易引起火灾，尤其是在以下情况中，更是如此：

1. 躺在床上或沙发上吸烟。

2. 漫不经心，不管场合，随手乱丢烟头和火柴梗。

3. 叼着香烟寻物时烟灰掉落在可燃物上，引起火灾。

4. 在匆忙时，如遇到老师或家长检查时，把未熄灭的烟头塞进衣服口袋，结果引燃衣服而起火。

5. 把点燃的香烟随手放在可燃物上，如书桌、纸箱、木柜上，人离开时烟火未熄，结果引起火灾；或因烟头被风吹落，引着可燃物而引起火灾。

6. 使用打火机不当引起火灾。

7. 在严禁用火的地方吸烟而引起火灾和爆炸事故。

（二）家庭火灾的应急处理

家庭初起火灾时，正确的处置方法将有助于减少损失，挽救生命。

1. 无论自家或邻居起火，都应立即报警并积极进行扑救。及时准确地报警，可以使消防队迅速赶到，及早扑灭火灾。根据火情也可以采取边扑救、边报警的方法。但决不能只顾灭火或抢救物品而忘记报警，贻误时机，使本来能及时扑灭的小火酿成火灾。

2. 在有人被围困的情况下，要首先救人。救人时，要重点抢救老人、儿童和受火势威胁最大的人。如果不能确定火场内是否有人，应尽快查明，切不可掉以轻心。自己家起火或火从外部烧来时，也要根据火势情况，组织家庭成员及时疏散到安全出口地点。

3. 发现封闭的房间内起火，不要随便打开门窗，防止新鲜空气进入，扩大燃烧。要先在外部察看火势情况。如果火势很小或只见烟雾不见火光，可以用水桶、脸盆等准备好灭火用水，迅速进入室内将火扑灭。如果火势渐大，就要呼喊邻居，共同做好灭火准备工作后，再打开门窗，进入室内灭火。

4. 室内起火后，如果火势一时难以控制扑灭，要先将室内的液化气罐和汽油等易燃易爆危险品抢出。在人员撤离房间的同时，可将电视机、收录机等贵重物品搬出。但如果室内火已变大，切不可因为寻钱救物而贻误疏散良机，更不能重新返回着火房间去抢救物品。

5. 家用电气设备、电器发生火灾，要立即切断电源，然后用干粉灭火器、二氧化碳灭火器等进行扑救，或用湿棉被、帆布等将火扑息。

用水和泡沫扑救一要在断电情况下进行，防止因水导致漏电而造成触电伤亡事故。

6. 厨房着火，最常见的是油锅起火。起火时，要立即用锅盖盖住油锅，将火窒息，切不可用水扑救或用手去端锅，以防止造成热油爆溅、灼烫伤人和扩大火势。如果油火撒在灶具上或者地面上，可使用手提式灭火器扑救，或用湿棉被、湿毛毯等捂盖灭火。

7. 家用液化石油气罐着火时，灭火的关键是切断气源。迅速将角阀关闭，火焰就会很快熄灭。如果阀口火焰较大，可以用湿毛巾、抹布等猛力抽打火焰根部，或抓一把干粉灭火剂撒向火焰，均可以将火扑灭，然后关紧阀门。如果阀门过热，可以用湿毛巾、肥皂、黄泥等将漏气处堵住，把液化气罐迅速搬到室外空旷处，让它泄掉余气或交有关部门处理，但此时一定要做好监护，杜绝其他火源存在。

（三）楼梯着火的脱险途径

楼梯着火，人们往往会惊慌失措。尤其是楼上的人，更是急得不知如何是好。一旦发生这种火灾，要临危不惧，做到以下几点：

1. 要稳定自己的情绪，保持清醒的头脑，判断火势的基本情况。有时，楼房内着火，楼梯未着火，但浓烟往往朝楼梯间灌，楼上的人容易产生错觉，认为楼梯已被切断，没有退路了。其实，大多数情况下，楼梯并未着火，完全可以设法夺路而出。如果被烟呛得透不过气来，可用湿毛巾捂住嘴鼻，贴近楼板或干脆跑走。即使楼梯被火焰封住了，在别无出路时，也可用湿棉被等物作掩护迅速冲出去。

2. 想办法就地灭火。如用水浇、用湿棉被覆盖等。

3. 设法脱险。如果不能马上扑灭，火势就会越烧越旺，人就有被火围困的危险，这时应该设法脱险。

如果楼梯确已被火烧断，似乎身临绝境，也应冷静地想一想，是否还有别的楼梯可走，是否可从屋顶或阳台上转移，是否可以越窗而出，是否可以借用水管、竹竿或绳子等滑下来，可不可以进行逐级跳越而下等等。只要多动脑筋，一般还是可以解救的。如果有小孩、老人、病人等被火围困在楼上，更应及早抢救，如用被子、毛毯、棉袄等物包扎好；有绳子用绳子，没有绳子用撕裂的被单结起来，沿绳子滑下，或掷于邻屋的阳台、屋面上等等，争取尽快脱险。

4. 紧急呼救，这也是一种主要的求救办法。被火围困的人没有办法出来，周围群众听到呼救，也会设法抢救，或报告消防队来抢救。

5. 迅速拨打求助电话，所有的凡是能想起来的电话都可以发挥求助作用。

（四）家庭物品起火的扑救方法

1. 家具、被褥等起火，一般用水灭火。可用身边盛水的物品如脸盆等向火焰上泼水，也可把水管接到水龙头上喷水灭火；同时把燃烧点附近的可燃物泼湿降温。

2. 家用电器或线路着火，要先切断电源，再用干粉或气体灭火器灭火，不可直接泼水灭火，以防触电或电器爆炸伤人。

3. 油锅起火，应迅速关闭炉灶燃气阀门，直接盖上锅盖或用湿抹布覆盖，还可向锅内放入切好的蔬菜冷却灭火，将锅平稳端离炉火，冷却后才能打开锅盖，切勿向油锅倒水灭火。

4. 燃气罐着火，要用浸湿的被褥、衣物等捂盖火，并迅速关闭阀门。

四、独自一人在家时的安全措施

放假了，爸爸妈妈由于工作繁忙，所以把你独自一人留在家里。一个人在家，一定要注意一些安全问题：

1. 不要轻信陌生人。陌生人敲门不要开防盗门。即使他说是父母的朋友、同事或者是邮递员、推销员、检修工人、警察军人等，也不要开门，可以告诉他："现在爸爸妈妈不在家，请你晚上来。"

2. 不在家里玩火、玩水、玩电；不吸烟；不玩易燃易爆物品和有腐蚀性的化学药品。

3. 睡觉前要检查煤气阀门是否关好，防止煤气中毒。

4. 陌生人打来电话，千万不要告诉他，只有你一个人在家。你可以告诉他，爸爸妈妈正在睡觉或者是正在忙着，请他留下电话号码，一会儿让大人与他联系。

5. 在无父母陪伴下，不私自外出玩耍。确需外出，一定要告诉父母或其他长辈：到哪里去、和谁一起、什么时间回来。

6. 不到游戏厅、录像厅、网吧等不健康场所玩耍。

7. 不到水库等危险地方玩耍。

8. 不从楼上向外抛掷垃圾等杂物，以防伤人。

9. 如遇到坏人以各种理由已经闯入家中，要在保证人身安全的情况下，与坏人斗智斗勇。如将自己的屋门反锁后，用电话报案，要注意说清楚自己的详细地址；也可用计将坏人吓跑，但要记住坏人的身高、外貌特征，并迅速报案。切记：不要与坏人硬拼，要注意保护自己的生命及人身安全。

10. 在家中注意"五防"：防火、防电、防盗（骗）、防摔伤（磕伤）、防煤气中毒。

第四章 运动安全

青少年处于身体发育的重要时期，科学运动和适当锻炼使他们的身体能够健康苗壮成长，但如果锻炼方法不科学，不但运动效果不好，还容易引起意外伤害，容易造成永久性创伤。因此，在学校和其他场所进行体育运动时，应该先了解基本的运动安全知识，以便更好地保护自己和他人，锻炼出强健的体魄。

一、运动安全须知

（一）篮球

篮球在中国已经成为青少年的"第一运动"。无论是美国巨星乔丹，还是今日的小巨人姚明，都成了孩子们效仿的榜样。在校园和街头的篮球场上，经常能看到青少年模仿着巨星们的"绝技"。篮球场上的激烈对抗时有发生，而处在发育阶段的青少年，大多没受过专业训练，如果在一些细节上不注意，很容易受伤。为了防止不必要的伤害，青少年打篮球时应该注意以下事项：

1. 需要必要的器材保护。有的孩子因打篮球，门牙被打掉、手脚被打脱臼、眼睛被打瞎的时有耳闻。篮球比赛对抗激烈，而青少年肌力小、韧带薄，极易出现关节韧带拉伤和扭伤。因此，运动前，除了要穿合适的高帮篮球鞋以外，还应该佩戴护镜、护踝、护膝、护肘以及护齿等。

2. 合理安排运动量。很多孩子打球不知疲倦，长时间的大运动量不但会造成身体机能下降和抵抗力下降，而且会妨碍学习和休息。一般来说，每次运动量控制在 1 小时左右为宜。

3. 掌握合理的技术。青少年朋友应注重基本功训练，投、突、运、传、防要有板有眼。掌握了扎实的基本功，将来才会有更大的发展。有的孩子喜欢模仿大牌球星的小动作，比如有人爱模仿乔丹上篮时伸舌头的动作，觉得这样很酷。其实这个动作很危险，如果被防守者碰到下巴，很容易咬伤舌头。另外，张着嘴在篮下跳跃有可能导致门牙被篮网的细绳钩掉，也非常危险。

4. 为了他人和自己的安全，不要携带任何硬物上场。有些学生追逐流行时尚，在手指上戴戒指，有的则戴耳环，还有人身上挂着钥匙链。携带这些硬物上场，都存在着安全隐患。因为在激烈的争抢过程中，这些东西极易将自己和旁人身体划伤。因此，要卸下这些"劳什子"，轻装上阵。

（二）滑冰

滑冰融健身与娱乐为一体，是一项深受同学们喜爱的活动。怎样才能保证活动的安全呢？

1. 要选择安全的场地，在自然结冰的湖泊、江河、水塘滑冰，应选择冰冻结实、没有冰窟窿和裂纹、裂缝的冰面，要尽量在距离岸边较近的地方。初冬和初春时节，冰面尚未冻实或已经开始融化，千万不要去滑冰，以免冰面断裂而发生事故。

2. 初学滑冰者，不可性急莽撞，学习应循序渐进，特别要注意保持身体重心平衡，避免向后摔倒而摔坏腰椎和后脑。在滑冰的人多时，要注意力集中，避免相撞。

3. 结冰的季节，天气十分寒冷，滑冰时要戴好帽子、手套，注意保暖，防止感冒和身体暴露的部位冻伤。

4. 滑冰的时间不可过长，在寒冷的环境里活动，身体的热量损失较大。在休息时，应穿好防寒外衣，同时解开冰鞋鞋带，活动脚部，使血液流通，这样能够防止生冻疮。

（三）轮滑

作为一种时尚休闲的运动方式，轮滑运动正在青少年中快速兴起。轮滑爱好者日渐增多，在街头巷尾、广场公园、校园操场上总能看到"溜溜一族"的身影。轮滑是一种专业性较强的运动，练习轮滑首先要注意安全。但是，大多数轮滑爱好者却没有佩戴防护用具的习惯，自身防护意识淡薄，安全问题被多数运动者和家长抛在了脑后。这样做很危险，需要引起高度的注意。

1. 轮滑爱好者应佩戴必要的防护用具，包括护肘、护膝、护手、头盔等。轮滑存在着潜在的危险，稍有不慎就会造成人体伤害，轻者皮肤擦伤，重者可能导致骨折；尤其是头部，一旦着地，可能会受到生命威胁，所以，佩戴必要的护具相当重要，可以减少轮滑者受伤的机会。

2. 不在大街上、交通拥挤的地方玩滑轮。不少轮滑爱好者已不满足在广场、空地滑行，如今常常能看到一些背着书包的轮滑少年在大街上飞驰而过，使得一些司机和行人不得不匆忙避让。在大街上、车流量和人流量大的地方踩滑轮，危险系数太高，稍有不慎，不是自己受伤就是造成他人受伤。因此，一定要杜绝这种行为。轮滑运动对场地限制不大，而且具有其他体育运动所不具备的一项功能，那就是可以当作交通工具。但是，当轮滑一旦穿梭于车水马龙的街道上时，就已进入城市交通体系。这不仅要考虑自身安全，还要顾及车辆和行人的安全，因此，切不可贪图自己一时的便利而忽视了安全。

3. 溜冰时不要戴耳机，以免听不到警示的声音，让自己的生命和身体安全处于危险中而不自觉。

4. 在光线不够的地方要穿上反光护具及带上小灯，尽可能地穿醒目的衣服，以便他人能够在较远距离内发现你并采取及时的措施，保证安全通行。

（四）跑步

在校园中，我们经常要进行体育锻炼。短跑、长跑等项目，要按照规定的跑道进行，不能串跑道。这不仅仅是竞赛的要求，也是安全的保障。特别是快到终点冲刺时，更要遵守规则，因为这时人身体的冲力很大，精力又集中在竞技之中，思想上毫无戒备，一旦相互绊倒，就可能严重受伤。

（五）跳远

1. 必须严格按照老师的指导助跑、起跳。

2. 起跳前，前脚要踏中木制的起跳板，起跳后要落入沙坑之中。这不仅是跳远训练的技术要领，也是保护身体安全的必要措施。

3. 落入沙坑后，身体应向前倾，双脚稳稳站立。防止双手先着地或者臀部先着地，避免擦伤。

（六）投掷

在进行投掷训练时，如投手榴弹、铅球、铁饼、标枪等，一定要按老师的口令进行，不能有丝毫的马虎。这些体育器材有的坚硬沉重，如铅球、铁饼；有的前端装有尖利的金属头，如标枪；如果擅自行事，就有可能击中他人或者自己被击中，造成伤害，甚至发生生命危险。因此，在进行投掷运动时，要做到以下几点：

1. 投掷运动前先清场，要确定在自己的前方投掷区域内没有其他人员存在；如有，不得进行投掷。

2. 投掷时，应向自己的正前方发力，以保证投掷物向正前方向运动，一方面可以投掷更远，另一方面不会砸伤他人。

3. 投掷后，应从后方离场，不要从前面离场，以免成绩作废或者被他人的投掷物砸伤。

（七）游泳

游泳是夏季一项十分有益的体育运动，不仅能够达到锻炼身体的目的，而且可以起到消暑纳凉、愉悦身心的作用。夏季游泳，最重要的就是安全问题，切不可掉以轻心。青少年在参加游泳运动时，需要注意以下问题：

1. 游泳者应进行必要的身体检查，并根据自身情况准备好必要的设备，如水镜、救生圈等。

2. 尽可能地选择室内游泳馆、池，有大人陪同或者有教练、场馆工作人员在场，以便及时救助。初学者不要到深水处游泳。

3. 如果随大人一起到自然公开水域，如海边，那首先要了解水情；特别是自然水域，要清楚水的深度，水下是否有淤泥和水草、暗礁、水母等。游泳时应选择有救生员值班的泳池及海滩游泳；不要远离大人，不要超出大人可予及时监管和救助的范围。

4. 下水前应做陆上热身，以免发生抽筋等不适反应现象。

5. 避免在泳池旁追跑和推撞任何人下水，以免滑倒受伤或跌落池中。

6. 跳水时应确保附近无人，否则容易发生伤人伤己的情况。

7. 戏水时切勿将别人按下水中或长时间潜水，以免窒息。

8. 当发觉有抽筋现象时应立即上岸休息。如遇意外及危险时，应及时大声向救生员及周围人求救，并高举双手，以引起救生员的注意。

9. 饱餐、酒后、身体状态不好或过度疲劳时都不宜下水游泳。一般饭后 1 小时再下水较好。游泳的时间一般不要超过 2 小时。

10. 水质脏及危险的地点绝对不能游泳，青少年也不要在此玩耍。

这里，必须强调在海滩游泳的安全常识，以备查询：

1. 应在设有救生人员值勤的海域游泳，并听从指导及勿超越警戒线。

2. 海边戏水，不要依赖充气式浮具（如游泳圈、浮床等）来助泳，万一泄气，无所依靠，容易造成溺水。

3. 海中游泳，因为是动水，有海流和波浪，与游泳池不同，故需要加倍的耐力及体力才能达到同等距离，所以不可高估自己的游泳能力，以免造成不幸。

4. 严禁单独游泳，以免发生意外。

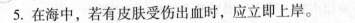

5. 在海中，若有皮肤受伤出血时，应立即上岸。

6. 在遇到有人溺水时，应大声喊叫或打 110 请求协助。未学过水上救生，不可贸然下水施救，以免造成溺水事件。

7. 海边救生员均身穿上黄下红服装。如果看到海滨白色的小屋和旁边的黄、红两色旗杆，就可确定那是救生站，救生员正在值班。假如旗杆收了，就表明救生员不当值。同时，救生站还有警示标志，如果插上了全红旗帜，就是告诫大家海风大，不适合下海游泳。此时，一定记住远离海滩，切不可下水游泳。

游泳时出现危险的救助：

1. 要严格遵守游泳安全的基本要求：

（1）单身一人不要在江河湖泊游泳；

（2）身体患病不游泳；

（3）强体力劳动或剧烈运动后，不立即游泳；

（4）不在水况不明的江河湖泊游泳；

（5）恶劣天气不外出游泳；

（6）下水前不做准备活动不游泳。

2. 看见他人游泳发生危险时，你可以做以下工作：

（1）立即呼救，但儿童少年不可贸然下水营救；

（2）溺水者救起后，要清除口鼻喉内异物，排出溺水者胃部和肺部的水，必要时进行人工呼吸。

（3）迅速拨打急救电话。

3. 自己游泳时发生抽筋情形时的急救：

（1）在水中抽筋时，尽量将受影响的肌肉伸出水面。

（2）当小腿抽筋时，脚趾朝胫部方向，将足部屈曲。痉挛得到舒缓之后，游回岸边。

（3）可能的话，用另外一种泳式。

（4）如果你感到筋疲力尽，不要惊慌。尽量放松，靠背部浮于水中直到恢复体力。（如果有必要，你也可以靠腹部浮于水面，这样就可以按摩到抽筋的肌肉。）

（5）切忌不要单独一人外出游泳，尤其是曾经发生过在水中抽筋的情况后更不能一人外出游泳。

大家一定要记住：

游泳本是件好事，消暑降温练身体。

如果安全做不好，容易溺水出问题。

野外游泳要牢记，儿童不能单独去。

成人家长要陪同，水深水浅知根底。

泳池游泳要注意，分清深水浅水区。

不要贸然跳下水，一下沉到水底去。

下水之前别着急，准备活动做仔细。

凉水淋身活动开，预防抽筋少事故。

儿童一道把水戏，若有溺水要切记：

喊叫成人来施救，不要鲁莽下水去。

游泳游到水中央，突然抽筋不能急。

沉着镇静加呼救，努力恢复保呼吸。

（八）登山宿营

登山宿营等户外运动日益走进平常百姓家，很多家庭在双休日或者长假期间，会走出户外，去领略大自然的美妙。此运动日益盛行，说明它越来越受到人们的喜爱。我们在进行此项活动时，应该注意哪些问题呢？

1. 一切行动听从大人的指挥。青少年参加登山宿营等户外运动，一般都是在大人的带领下，对地形线路等情况并不了解，而且登山宿营等户外活动还需要有充分的心理准备，以克服行进中的困难，因此，一定要听从大人的指挥，切不可擅自行动。

2. 拒绝一切冒险行为。户外运动一定要把风险降到最低，不鼓励冒险行为，不做无把握的冒进。切不可因自己一时的好奇心理而离开同行的人。

3. 注意食品安全与水的安全。运动途中，不胡乱采摘果实，不乱取水饮用。要随身携带必要的食物和充足的水，尤其是后者，在无补给水源的地区断水会是致命的危险。要注意食物和水的卫生，避免在野外引起身体不适。

4. 青少年参加户外运动时，要避免发生性侵害的可能性。不管是男生还是女生，都要注意保护自己，尤其是女生。宿营时，一定要与大人特别是自己家的长辈住在一起；如果没有自己家人，就要同性之间住在一起，防止一切侵害的可能性。一旦出现侵害苗头，要立即向大人报告，避免侵害行为的发生。

二、运动前的热身准备

在开展一项运动前，我们应当先进行必要的热身，大约为 10 分钟，以帮助我们的身体机能达到适合运动的状态，使心跳加速，体温微升，增强肌肉的血液循环和供应；使身体提高警觉性，反应速度加快；使关节更加灵活，减少受伤的机会。

做热身运动时，要保持呼吸自然。可逐步展开身体各部位的热身：

1. 头部热身：双手叉腰，双脚分开，然后头向左侧倾，数 4 下，返回原位；头向右侧倾，数 4 下，回原位；头转向左，数 4 下，回原位；头转向右，数 4 下，回原位；头向上抬，数 4 下，回原位；头向下低，数 4 下，回原位。

2. 背和腹的热身：向左、右分别扭转身体 4 次；伸手向左右两侧弯身 4 次；屈身向下拉伸 4 次。

3. 膝关节的热身：将两脚并拢，两手自然搭在膝盖上；分别向左右两个方向转动膝盖各 4 次。

4. 手腕、脚腕的热身：两手十指交叉，沿着腕关节转动；分别转动一只脚，各 4 次。

三、进行运动应注意的事项

1. 应穿着合适、舒服的运动用的衣服鞋袜；

2. 采用合适的运动装备，例如踏滑轮时要佩戴头盔、护膝；

3. 选择安全的场合。不要在车道、斜坡、有油渍或积水的地面等地方玩耍或运动，以安全为要；

4. 避免在高温及湿度高的情况下作剧烈运动，留意天气和运动的环境，以防运动中的"猝死"发生；

5. 运动要循序渐进，量力而为，亦要持之以恒，切勿期望在数次运动后即有显著效果；

6. 不要在饱餐后立即做运动；

7. 运动过程中要避免一些可能会引致自己或他人身体受伤的危险动作，做到文明运动、健康运动。

8. 随身不要携带任何硬物，口袋里不要装金属徽章（如校徽、团徽）、别针、刀子、铁钉、钥匙串、发卡、剪刀等危险物品。

9. 运动时感到不适，如极度气喘、面青、头晕、作呕作闷等，应立即停下来休息，切不可强撑。

10. 运动后不要立即停下来休息，应当适当地减少运动量，同时切记不在剧烈运动后大量喝凉水。

四、意外发生时的自救措施

（一）运动损伤

运动损伤以扯伤肌肉和扭伤关节最为常见，大致上都是由于肌肉或关节的组织扯裂、内部出血而引致肿胀、疼痛。如果出现这种情况，应采取以下步骤：

1. 受伤后应立即休息，停止运动。如在 5 分钟内再度运动，而受伤部位并不感到疼痛，就可以放心继续运动，但如疼痛持续，就得找医生治疗。

2. 运动时受伤，可能会发生骨折，须到医院治疗。骨折症状有：

（1）肿胀部位不能活动。

（2）伤处在数分钟内肿胀。

（3）伤处剧痛不止。

3. 如疼痛不太剧烈，而且肿胀速度缓慢，通常可自行护理，不一定要找医生。自行护理的方法有：

（1）冷敷受伤部位：把冰块装进塑料袋，用椎子敲碎，再用毛巾把塑料袋包好。另一方法是用冷水浸湿布块，拧干后敷上。冷敷可使血管收缩，减少流血。

（2）用绷带把冷敷布包扎在伤处上 20 ~ 30 分钟，因绷带压迫血管，可减少出血，但不要绑得太紧，以免影响血液循环。如伤者的手指或脚趾冰冷或刺痛，就应把绷带解开。

同时，把受伤部位抬到高于心脏的位置，维持 30 分钟至 1 小时，以减少流血。24 四小时内仍须尽量抬高伤肢。

（3）受伤后的第一晚如疼痛剧烈，可按规定剂量服用阿斯匹林或扑热息痛。但不应为了继续参加比赛而服用止痛药，因为疼痛是重要的警告信号。

（4）疼痛消失之后，至少要过 10 天才可恢复轻量运动。

（5）如果复原十分缓慢，或者病情一再反复，就应去看医生。

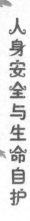

（二）运动创伤

1. 眼部创伤

如果伤者眼圈周围的软组织渗血，引致眼圈淤黑，可扶伤者直身坐下，用冷敷布敷眼。

如有污垢或灰泥进入眼睛，可用手掬清水冲洗眼睛。

2. 鼻部创伤

如流鼻血，用拇指和食指捏住鼻翼15分钟，改用口呼吸。如流鼻血超过30分钟，不要再用此方法，立即看医生。

3. 皮肤擦伤

皮肤遭粗硬的平面（如地面）擦伤，应该彻底清洗和消毒。

清洗后伤口内仍有尘垢，就应去看医生。伤口洗得不干净，愈后可能留下难看的疤痕，面部受伤时更要小心。切勿忽略普通擦伤也可能引致破伤风，受伤后须接受破伤风防疫注射。每10年注射一次。

切勿在伤口上涂过期的软膏或粗劣的消毒剂，否则会使伤口感染或使组织损坏。

4. 脚底起泡时的处理

在运动时，由于穿着的鞋子、袜子不合适或者低劣，或者运动量过大时，都有可能出现脚底起泡的情况。出现这种情况时，不要用脏手撕破或者用未消毒的尖利器具刺破水泡，防止出现感染；可以到学校卫生院或者医院进行处理；或者以改换合适的鞋子、袜子，适当休息的方式让其自行消失。

　　总而言之，遇有意外应保持冷静，并立即通知家长或老师。家长或老师应学习基本的急救常识，亦要教导较年长的儿童在遇到意外时一些简单的应付方法，如妥善处理创伤，用清水洗涤伤口，贴上创可贴等消毒防水胶布或纱布，以免造成更大的伤害。如有较重伤情或不明伤情，应立刻前往诊所或急症室诊治，不可掉以轻心，以免耽误。

第五章　校园安全

　　学校是教书育人的场所，是青少年集中学习和活动的地方。青少年的生命安全和健康成长，关系到千家万户，关系到社会的和谐和稳定。做好学校安全工作，对于保证青少年学生的健康成长和维护社会稳定至关重要。

一、校园事故的常见种类

　　1. 课间或课余活动不当造成的事故。学生在课间或课余时间相互追逐、戏耍、打闹时，一时兴起或一时愤怒，使用石子、小刀、玩具等器械给其他同学造成的伤害。

　　2. 挤压、踩踏造成的事故。主要发生在放学和下课时，在楼道、门口、食堂等黑暗或狭窄的地方互相争先而造成的挤压、踩踏等事故。

　　3. 交通事故。学生在上学、放学途中不走人行道、随意横穿马路、因为赶时间而强行超道、高速骑车等造成的交通事故。此外，还有因乘坐的交通工具事故而出现的车翻人伤（亡）的事故。

　　4. 体育活动不当造成的事故。体育活动过程中或者体育课上不遵守纪律或注意力不集中，未认真听指导老师的讲解而擅自活动，随意摆弄各种器械，使用体育器械不得要领而造成的伤害。体育设备未及时检查、维修和更换，造成的器械伤人事故。

5. 劳动或社会实践过程中造成的事故。现在的青少年大多由于是独身子女，孩子在家里从事家务劳动的机会很少，因此动手能力较弱；此外，劳动或社会实践中安全意识差，操作不熟练或不按要求操作而造成伤害。

6. 校园暴力事故。主要表现为：（1）学生受到校外不法之徒的侵害。不同年级、不同班次甚至是同一班次学生之间发生的摩擦没能很好地解决，最终使用武力。很多时候，青少年参与械斗并非是自己受到了直接的伤害，而是为哥们义气，受团体影响或制约而参与的。（2）少数教师有体罚行为。这种行为对老师和学生都造成了伤害。

7. 消防事故。学生因取暖、用电不当而造成火灾、触电等事故。有些学校的设备更新速度缓慢，无法更换已经老化的供电线路和设施。由于经费等原因，这些老化了的线路和设施仍在凑合着使用。老旧校区和建筑物的消防器材不足，楼房过道设计不符合消防规定。大多数师生缺乏消防知识，不会使用灭火器；消防安全普及讲座极少，一旦发生火情不知如何处理。此外，学生随便使用电器、煤气、蜡烛等易燃易爆物品，而未得到有效的制止。这些因素都有可能导致消防事故。

8. 自然灾害引发的事故。如碰到暴风雨、地震、洪水等自然灾难时，学生自救自护能力差，无法有效防卫这些自然灾害而造成的伤害。

9. 公共卫生事故。如学校公共食堂的卫生状况不达标，各类采购或制作的食物不卫生而造成的群体性食物中毒。尤其是农村学校食堂基础设施条件落后，卫生设施差，已成为学校突发公共卫生安全事件的隐患。还有就是在注射各类疫苗过程中因为疫苗本身质量不过关而造成的群体性中毒事故。

10. 学校各类建筑物的质量不达标引发的事故。如教学楼或宿舍走廊栏杆的高度不符合要求，学生极易从高处摔下；校园设深水池，学生由于贪玩而造成的淹溺事故；有些危房还在使用，容易发生垮塌事故。

11. 学生不良行为造成的事故。如盲目消费、为有钱上网而导致偷盗等。社会不良青少年与学校的劣迹生、辍学生相勾结，有的甚至结成犯罪团伙，在学校及周边地区寻衅滋事、打架斗殴、敲诈抢劫学生财物等发生的事故，其中包括恶性刑事案件。

二、校园各类事故的安全防范

（一）教室内的活动

在教室内活动，有许多看起来细微的小事值得同学们注意，否则，同样容易发生危险。这主要有以下几个方面：

1. 防磕碰。目前大多数教室空间比较狭小，又放置了许多桌椅、饮水机等用品，所以不要在教室中追逐、打闹、做剧烈的运动和游戏，防止磕碰受伤。

2. 防滑、防摔。如教室地板比较光滑，要注意防止滑倒受伤；需要登高打扫卫生、擦洗玻璃、取放物品时，要请他人加以保护，注意防止摔伤。

3. 防坠落。位于较高楼层教室里的同学，特别要注意不要将身体探出阳台或者窗外，谨防不慎发生坠楼的危险。其他同学也不要在楼下喊叫某人从楼上丢扔物品。

4. 防挤压。教室的门、窗户在开关时容易夹手，应当小心。

5. 防火灾。不要在教室里随便玩火，更不能在教室里燃放爆竹。

6. 防意外伤害。刀、剪等锋利、尖锐的工具，图钉、大头针、圆规等文具，用后应妥善存放起来，不能随意放在桌子上、椅子上，防止有人受到意外伤害。

（二）课间休息时

在每天紧张的学习过程中，课间活动能够起到放松、调节和适当休息的作用。10～15分钟的课间活动应当注意以下几方面：

1. 室外空气新鲜，课间活动应当尽量在室外，但不要远离教室，以免耽误下面的课程。

2. 活动的强度要适当，不能做剧烈的活动，以保证继续上课时不疲劳、精神集中、精神饱满。

3. 活动的方式要简便易行，如做做操，伸展身体；不做有危险的活动和游戏。

4. 活动要注意安全，要避免发生扭伤、碰伤等危险；不要在教室内跑、追逐打闹和做游戏；不要在教室前后门口追逐打闹和做游戏。

5. 未经老师允许不得出校门。

6. 第一遍上课铃响后立即停止活动，以正常行走速度走进教室。

（三）上下楼梯

1. 上下楼梯精力要集中，一律靠楼梯的右边行走，前后要保持一定的距离。

2. 不要并排，不要跑跳，不要追逐打闹，不要前推后拥。

3. 发现拥挤现象不要慌乱，要靠墙或扶楼梯扶手止步。

4. 不要将身体探过楼梯扶手，更不要从栏杆上向下滑。

（四）停留走廊时

1. 在走廊上休息时，不要将上半身探出栏杆，更不要攀爬栏杆。

2. 在走廊上行走时，要轻声慢步，不要大声喧哗，不要跑。

3. 不要借助栏杆做健身动作，更不要用身体、四肢冲撞栏杆。

4. 不要在走廊内追逐打闹和做游戏。

5. 不要从走廊向楼下扔任何东西。

（五）上学、放学

1. 按规定时间到校，到校后立即到教室做好课前准备。

2. 放学时要以班为单位站队下楼，不得私自提前或拖后。

3. 放学时要随队离校，不得私自提前出校门或在校园停留。

4. 出校门后直接回家，不得在路上停留、打闹、游戏或做其他事情。

5. 需要家长接送的学生，如果放学时家长未到，不要独自回家，打电话通知家长后在校园内静静等候。

6. 独自一个人时，不要将钥匙挂在脖子上，以免让坏人知晓家里没有大人，实施盗窃、抢劫、性侵害等行为。

（六）教学楼起火

现代教学楼由于楼层逐新增高，结构越来越复杂，学生密度大，加上课桌、课椅等可燃物较多，当发生火灾时，逃离比较困难。一旦楼房着火，应当按以下方法逃生：

1. 当发现楼内失火时，切忌慌张、乱跑，要冷静地判断着火方位，确定风向，并在火势未蔓延前，沿逆风方向快速离开火灾区域。

2. 起火时，如果楼道被烟火封死，应该立即关闭房门和室内通风孔，防止进烟。随后用湿毛巾堵住口鼻，防止吸入热烟和有毒气体，并将身上的衣服浇湿，以免引火烧身。如果楼道中只有烟没有火，可在头上套一个较大的透明塑料袋，防止烟气刺激眼睛和吸入呼吸道，并采用弯腰的低姿势，逃离烟火区。

3. 千万不要从窗口往下跳。如果楼层不高，可以在老师的保护和组织下，用绳子从窗口滑落到安全地区。

4. 发生火灾时，不能乘电梯，因为电梯随时可能发生故障或被火烧坏，应沿防火安全疏散楼梯朝底楼跑。如果中途防火楼梯被堵死，应立即返回到屋顶平台，并呼救求援。也可以将楼梯间的窗户玻璃打破，向外高声呼救，让救援人员知道你的确切位置，以便营救。

同理，当学生宿舍、实验室发生火灾时，大家也不要慌张，可按照上述步骤进行自救。

（七）校园防盗

盗窃案在中小学校发生的各类案件中比例很高。对于学生来说，最重要的防盗方法是加强防范意识，努力使自己的财物不受侵害。防止学生在宿舍和教室的财物防盗，要注意做到以下几点：

1. 最后离开教室或宿舍的同学，要关好窗户、锁好门。要养成随手关窗、随手锁门、包不离身的习惯，以防盗窃犯罪分子乘虚而入。

2. 寄宿制学校的学生不要留宿外来人员，即使是自己从前的同学、朋友也不要留宿；如果确因情况需要必须留宿的，应告知老师。

3. 注意保管好自己的钥匙，包括教室、宿舍、箱包、抽屉等处的各种钥匙，不能随便借给他人或乱丢乱放，以防"不速之客"复制或伺机行窃。

4. 注意保管好自己的钱物，财不露白，凡贵重物品应提高警惕，妥善保管，不要故意在人前显摆。

5. 同学们应积极参加教室和宿舍等地方的安全值班，协助学校有关部门共同做好安全防范工作。发现形迹可疑的人应提高警惕、多加注意。遇到可疑人员，同学们应主动上前询问，如果来人说不出正当理由又说不清学校的基本情况、疑点较多且神色慌张时，则需要进一步盘问，必要时可交值班人员处理。如果发现来人携有可能是作案工具或赃物等证据时，则应立即报告值班人员和学校保卫部门，切忌擅自行动以免招致不必要的伤害。

现金及银行信用卡的防盗方法：

1. 不要携带较大面额的现金。

2. 实在是因学习需要而提取现金时，应按实际需要提取适量的数额，并尽快购买书籍等物品。

3. 切忌将大额现金随意存放在宿舍或衣袋里。

4. 特别要注意的是，存折、信用卡等不要与自己的身份证、学生证等证件放在一起，更不应将密码写在纸上，与存折一起存放，以防被盗窃分子一起盗走后冒领。

5. 在银行存取款时，按密码时动作要迅速，并防止四周有人偷看。

6. 发现存折丢失后，应立即到银行挂失。

各类有价证卡的防盗方法：

1. 各类有价证卡如饭卡、洗澡卡、水卡等最好的保管方法就是放在自己贴身的衣袋内，袋口应配有纽扣或拉链。

2. 密码一定要注意保密，不要告诉他人。

3. 如果参加体育锻炼等活动必须脱衣服时，应将各类有价证卡锁在抽屉或箱子里，并保管好自己的钥匙。

贵重物品的防盗方法：

1. 贵重物品尽可能地不要带到学校。一是各种贵重的学习用品，如手提电脑、随身听、复读机、计算器、高档钢笔等；二是手机、黄金饰品等，应尽可能地不要带到学校使用，即使确因学习需要而带到学校后，较长时间不用的也应该带回家中或托给可靠的人代为保管。

2. 人离开宿舍时，一定要将贵重物品锁在抽屉或箱（柜）子里，以防被顺手牵羊、乘虚而入者盗走。

3. 门锁钥匙不要随便乱放或丢失。在价值较高的贵重物品、衣服上，最好有意地做上一些特殊记号，即使被偷走，将来找回的可能性也会大一些。

自行车的防盗方法：

1. 买新车一定要到有关部门办理落户手续。

2. 自行车要安装防盗车锁，养成随停随锁的习惯。

3. 骑车去学校，应将车停在存车处。如停放时间较长，最好将车锁固定在物体上或者放在室内。

4. 自行车一旦丢失，应立即到学校保卫部门或当地派出所报案，并提供有效证件、证明及其他有关情况，以便及时查找。

发生盗窃案件的应对办法：

一旦发生盗窃案件，同学们一定要冷静应对，并做到：

1. 立即报告学校保卫部门或当地派出所，同时封锁和保护现场，不准任何人进入。不得翻动现场的物品，切不可急急忙忙地去查看自己的物品是否丢失。这对公安人员准确分析、判断侦察范围和搜集证据有十分重要的意义。

2. 发现嫌疑人，应立即组织同学进行堵截，力争捉拿。

3. 配合调查，实事求是地回答公安部门和保卫人员提出的问题，积极主动地提供线索，不得隐瞒情况不报。学校保卫部门和公安机关有义务和有责任为提供情况的同学保密。

（八）校园防骗

1. 在提倡助人为乐、奉献爱心的同时，要提高防范意识。不贪图便宜、不谋取私利；不轻信花言巧语；不要把自己的家庭地址等情况随便告诉陌生人，以免上当受骗；发现可疑人员要提高警惕性，及时报告；发现被骗后要及时报案、大胆揭发，使犯罪分子受到应有的法律制裁。

2. 交友要谨慎，不要结交低级下流之辈、挥金如土之流、吃喝玩乐之徒、游手好闲之人。

3. 同学之间要相互沟通、相互帮助。有些交往关系，在自己认为适合的范围内适当透露或公开，也适合安全需要；特别是在自己觉得可能会吃亏上当时，与同学有所沟通或许就会得到一些帮助并避免受害。

4. 服从校园管理，自觉遵守校纪校规。绝大多数校园管理制度都是为控制闲杂人员和犯罪分子混入校园作案，以维护学生正当权益和校园秩序而制定的。因此，同学们一定要认真执行有关规定，自觉遵守校纪校规，积极支持有关部门履行管理职能，并努力发挥出自己的应有作用。

（九）宿舍的安全防范

1. 提高自我保护意识，提高警惕性，以防坏人有机可乘。

2. 不要让不太熟悉的人随意进宿舍，以防不测。

3. 晚上睡觉前要关好门窗，并检查门窗插销是否牢固。

4. 夜晚有人来访，不要轻易开门接待。对陌生人绝对不能开门。

5. 假期不能回家的学生，应集中就寝。如只剩下一人时，应和老师说明情况，让老师妥善解决。

6. 夜晚到室外上厕所，一定要穿好外衣，找同伴一起去；如遇到坏人应全力呼救，并进行自卫；最好不要单独一人上厕所。

7. 宿舍内一旦遭到坏人袭击，不要害怕，要鼓起勇气与坏人搏斗，并大声呼救，以获来人救援。

8. 学生应按时就寝，班主任要及时进入宿舍检查。

9. 放学回家应结伴而行，遇到不怀好意的人挑逗或侵害要给予严厉斥责，并高声呼救。如果四周无人，又来不及逃脱，要设法与其周旋，不要鲁莽与罪犯搏斗以免造成更大的伤害。

10. 学生不得在宿舍内点蜡烛，不得在床上打闹。

11. 寄宿生不得将衣物和棉被晒到阳台以外。晾晒衣物时，要用

叉竿，不得站在凳子或其他高物上，以免摔伤。

（十）女生夜间行路

1. 保持警惕。如果在校园内行走，要走灯光明亮、来往行人较多的大道。对于路边黑暗处要有戒备，最好结伴而行，不要单独行走。如果走校外陌生道路，要选择有路灯和行人较多的路线。

2. 不要向陌生男人问路，即使问路也不要其带路。

3. 不要穿过分暴露的衣衫和裙子，防止产生性诱惑。

4. 不要穿行动不便的高跟鞋；夜间独自外出或与他人外出时应尽可能地穿便捷的衣物和鞋子，以备不时之需。

5. 不要搭乘陌生人的机动车、人力车或自行车，防止落入坏人的圈套。

6. 遇到不怀好意的男人挑逗，要及时斥责，表现出自己应有的自信与刚强。如果碰上坏人，首先要高声呼救，即使四周无人，切莫紧张，要保持冷静，利用随身携带的物品，或就地取材进行有效反抗，还可采取周旋、拖延时间的办法等待救援。

7. 一旦不幸受侵害，要尽量记住犯罪分子的外貌特征，如身高、相貌、体型、口音、服饰以及特殊标记等等。要及时向公安机关报告，并提供证据和线索，协助公安部门侦查破案。

总而言之，我们要时刻警醒自己的行动，以防伤人伤己。

第六章　网络安全

随着电脑的普及，家家户户购置电脑已经不是难事。许多学校，包括小学都在努力普及电脑，鼓励学生在信息时代占据有利地位。家长们也为自己的孩子购置了电脑，让孩子接受新信息。然而，随着电脑使用的普及，电脑的利弊逐渐显现。在这种情形下，我们怎样才能安全使用电脑，发挥电脑的长处，避免其不利之处呢？

一、认识互联网

互联网就是我们平常所讲的 Internet，它是世界上最大的计算机网络。互联网的益处很多：

第一，互联网是一个信息资源的海洋，它有着极其丰富的各种图书、文献和技术资料以及工作、娱乐、生活、教育、新闻和商业等各种信息，为我们提供了更多交流和学习的机会。

第二，上网可以做的东西很多，例如查找信息、看看新闻、下载文件、读读小说，它节省了我们大量的查找、阅读的时间，让我们坐在家中便可纵览天下大事。

第三，网络上还有大量的学习互动课程设置，使得我们可以自由安排时间，并根据自身的特点决定学习的方式和进度，令原本沉闷的学习变得富有乐趣，这种主动的学习会产生更好的效果。

但是，互联网上的不良信息和陷阱也很多：

首先，互联网不但提供有用的信息，而且还有大量垃圾信息充斥其中；在分辨大量信息时，需要花费很多时间和精力。

其次，互联网上的不良信息也很多，各种淫秽、色情、反动的言论会影响到人们心理进而影响到行为。

此外，互联网的陷阱很多，骗财骗色的美丽谎言常常把善良的好人坑苦了。在上网时，一定要自觉抵制这些有害的垃圾信息，维护心灵健康。

学会正确使用网络资源，摒弃坏的一面，充分发挥好的一面，对于青少年朋友来说，是非常重要的。

二、远离非法网吧

非法网吧业主以营利为唯一目的，完全不顾青少年学生的身心健康和发展。他们往往违法经营，不按照国家的禁止未成年人进入营业性网吧的明文规定，诱使未成人放弃学习、放弃休息，甚至教唆或暗示其旷课、夜不归宿，以提供食宿条件使得青少年整天泡在网吧，荒废学习，严重干扰学校教学秩序和青少年家庭的正常生活秩序。

非法网吧直接导致未成年人脱离家长、学校的管理、教育与保护，一方面，造成未成年人接触大量有毒有害信息，直接影响到青少年正确价值观、人生观的树立；另一方面，非法网吧人员混杂，是不法分子聚集活动的场所，未成年人经常在这种场所活动，极易被不良人员看中，甚至被人利用、控制、教唆，成为违法犯罪分子。

非法网吧对青少年言行两方面的不利影响，使得我们在家庭和学校教育中必须时刻提高警惕，创造条件，引导和教育青少年上网时远离非法网吧，而在学校或家庭的电脑上进行网络操作。

对于国家公共管理机关而言，也一定要加大查处力度，凡在中小学校周边开设违规经营的网吧和游戏室、录像厅、歌舞厅等经营场所的，一经发现，一律取缔。对于采取各种措施致使学生沉溺其中，影响学业和正常生活的，还应给予相关人员法律追究。

三、学会正确上网

（一）上网途径要正确

1. 引导青少年采取正确的连接途径上网搜集学习信息。

2. 教会青少年到合法的 ISP 去申请账号或者采用 169、163 等公用账号上网。

3. 明确告知青少年非法盗用他人或单位的账号上网要受到法律的追究。轻者属于盗窃行为，重者属于盗窃罪，要追究刑事责任；如果还造成其他的后果，还要加重处罚。

4. 培养青少年学生良好的上网习惯，文明上网。

（二）选择健康的网站

1. 引导青少年上一些启发性强的、有益于学习的网站，如适合中小学生的教育网站，并引导学生学会查找一些他们认为有趣的信息。经常向学生推荐适合他们的网站，比如中小学生学习网站、中小学生空中课堂、"中国少年雏鹰网"和

中华阅读网等。这些网站里有老师和学生交流的平台，有老师教学研究交流的平台。这些网站能成为中学生学习和健康成长的良师益友！

2. 可以登陆一些有名的健康网站，如"新浪"、"搜狐"等了解国内外时政新闻。

（三）防范不良信息要得力

网络上存在的黄色、反动、暴力、消极的信息会对涉世不深、自制力较差的青少年产生误导作用。因此，在学生使用的电脑上要安装网络过滤软件，通过安装网络过滤软件，将色情、暴力、邪恶等不良信息拒之门外，创造一个干净清洁的上网环境。

（四）上网时间要适度

青少年学生上网的时间控制也很重要。由于长时间坐在电脑前，身心都受到影响：一方面，对于那些不注意休息，甚至忘了上课、吃饭、睡觉的长时间上网的青少年来说，就一定要严格地控制其上网时间。因为过度的上网不仅对身体造成伤害，如头晕眼花、腰酸背痛、呕吐等症状，而且会对其学习、生活产生不良影响。尤其是对于那些沉迷于聊天、打游戏、看色情暴力影片的青少年，一定要强制戒除网瘾；另一方面，则是易形成网络性心理障碍。青春发育期的孩子长时间与电脑接触，对其思维和感情生活将产生不良的心理影响。人的心理是在环境与人相互影响中形成的，因此，适当控制他们的上网时间，多加强与其他人的沟通和交流，避免产生心理疾患。

其实，每天上网半小时，或者每周集中上网 2 小时，基本上能够满足学习需要。

（五）网络交友应谨慎

在网络上交友应十分慎重，即使是成年人也会发生网络受骗的情况，更不用说是涉世未深的青少年了。因此，在上网时，一定要加强自我保护意识。

1. 不要告诉陌生人你的姓名、家庭住址、联系电话、父母的姓名、工作单位、家庭财产情况，防止坑蒙拐骗事件的发生。

2. 未经家长、老师同意，决不能同陌生的网友见面或约会。

3. 确需要与网友见面，必须在父母的同意和护送下，或与可信任的同学、朋友，最好是自己的长辈结伴而行。如果是与同学、朋友一同前往，那最好是带两个以上的同伴。

4. 一定要具有网络防范意识，经常与老师、家长和同学们交流上网体会。而老师和家长们则要密切注意学生和孩子的动向，一旦发现危险苗头，应立即将问题消除在萌芽状态，防患于未然。

老师和家长平时要多引导学生认真学习《全国青少年网络文明公约》，懂得基本的对与错、是与非，增强网络道德意识，分清网上善恶美丑的界限，形成良好的网络道德行为规范。

四、规范网络行为

要消除网络的负面影响，充分发挥网络在青少年学生成长过程中的积极作用，就要对青少年进行正确引导，使其能够健康利用互联网以更好地完成学业，培养兴趣爱好。

1. 不要在聊天室或 BBS 上散布对别人有攻击性的话语，也不能传播或转发他人那些违反中小学生行为规范甚至触犯法律的内容。在网上网下都要做守法的小公民，以体现良好的个人素质，共同维护网络世界的纯净。

2. 如果收到垃圾邮件，应立刻删除。接到不明邮件时不要打开，以防电脑病毒被植入造成死机或者个人信息被窃取。

3. 不观看、不收听、不传播淫秽读物或音像制品。

4. 如果遇到网上有人刻意伤害你，应当立刻告诉家长或老师。

5. 如果未经你的允许，你的照片、个人资料等情况被他人滥用或者冒用，应立即告知家长或老师，并可报警以维护自己的权利。

6. 不进营业性网吧，不迷恋网络游戏，不登陆不健康网站。青少年不宜的网站，不要进去；即使不小心进去了，也应立刻离开。

7. 在青少年刚开始接触电脑的一段时间内，老师和家长要加强监督。学生利用学校电脑上网时，老师要在场。在家里，家长最好能抽出时间和孩子一起上网，直到其养成了良好的上网习惯。此后，也要不时地督促和检查。

五、网络病的防治

（一）网络病的种类

一些上网"成瘾"的青少年，一旦打开网址看到网上精彩的内容，或者玩上有趣的电子游戏时，往往流连忘返，甚至"废寝忘食"。这样长时间地上网，不仅会对眼睛造成伤害，而且还会导致内分泌失调，引发一系列身体上的疾病。此外，"网络病"更是一种潜在的心理疾病，若不加以控制，时间长了一定会导致严重的心理障碍。

病症之一：沉迷网恋甚至沉迷网络婚姻

据报道，某中学近 1/6 的学生在网上有"虚拟婚姻"，拥有了一个"老公"或"老婆"，而且这些学生对待"虚拟婚姻"的态度十分认真，这种现象在全国各地的中小学中都不同程度地存在，让人担忧。

病症之二：沉溺上网，性格变得孤僻怪异

长时间上网，会造成懒于与人沟通，性格变得孤僻。据新华网最新调查显示：青少年沉迷上网的情况十分严重，六成受访者平均每天上网超过 4 小时，有一成人更达 9 小时，有 6 成受访者表示宁愿上网也不想与家人在一起。

病症之三："网络性心理障碍"导致身心崩溃

据报道，一位连续 24 小时"泡"在网上的中学生因出现思维障碍而被迫送往医院治疗。该学生已有 2 年网龄，经常上网"冲浪"，出事时仍坐在电脑前。心理咨询专家说，这种"网络性心理障碍"患者的人数在我国正呈逐步上升趋势，该病治疗十分困难，尚无根治的良方。

病症之四：网络黄赌毒引诱违法犯罪

目前，网吧普及率高，在涉足黄色、赌博或传授犯罪技巧的网站后，有些孩子就开始依葫芦画瓢地实施，结果导致违法犯罪行为的发生，给自己和他人的家庭、社会都造成极大的伤害。

上述几种病症提醒人们，网络对青少年心理的影响是巨大的，应该引起高度的关注。家庭、学校和社会要共同处理好这个影响下一代健康的"疾病"。

（二）网络病的防治

1. 身体上要适当防护，比如购买防电磁辐射的衣物等，平时要多吃一些蔬菜和水果。

2. 加强体育锻炼，积极参加学校和班集体的活动，或者多读有益的书籍等。青少年如想上网，可有意识地转移目标，如找本书看看，参加一些自己热爱的活动。如不能立即戒掉网瘾的话，可逐步地减少上网的次数与时间。上网时，应有意识地克服自己的好奇心和欲望，避免上黄色网站。如自己难以控制自己，还可让家长参与进来监督自己。

3. 缩短上网时间。可以每天根据学习情况和正当要求确定上网时间，每一周限定一个时间段，但时间不宜过长，以免孩子沉迷其中。

4. 除了青少年自己严格要求外，对家长和老师也有一些要求，如家长应积极与孩子进行平等的交流沟通，加强对孩子的精神关怀。独生子女由于没有兄弟姐妹，在家庭中缺少同龄的玩伴，因此难免孤单寂寞，而在网络世界里，他们能够寻找到足够多的人陪他们聊天、游戏。因此，一旦发现孩子上网时间过长，家长和老师就应该积极地与孩子进行平等的交流沟通，去了解他们的内心世界和真实想法，给孩子以精神上的关怀、理解与安慰。

家长可以经常与孩子聊他们感兴趣的事情，共同参与孩子感兴趣的、有意义的活动；尊重孩子的认知，满足孩子对精神之爱的需求，减少孩子上网的欲望。

老师可以积极采取措施转移孩子注意力，将青少年的求知欲引向正确的轨道。从青少年积极向上的心理特性出发，帮助其树立起远大的目标，培养其高尚的情操，加强其自控力。如学校可以经常开展各种文体活动，长期主办各种兴趣小组，针对学生的特长与兴趣，举办各种特色培训班，积极鼓励其参加社会实践活动和各种有益的夏令营等，有意识地将青少年的视线从网络上转移。

5. 青春期的孩子还处于身体发育的重要阶段，因此学校的课程设置也应注意对孩子青春期特有问题的教育。如可通过适当方式，对其进行一些性知识的教育讲解。对于孩子在成长过程中出现的性生理现象和性困惑，切不可因为觉得比较尴尬而敷衍了事。在性教育方面，学校应及时开设正式的性知识教育课，以消除青少年对性的神秘感和性苦闷，使青少年对性有个正确的认识，以消除其对黄色网站的热衷。

第七章　危机处理

在我们的日常生活中，难免会出现各种突发事件，给人们的生命和财产安全造成极大地损害。当出现这类危机时，我们青少年朋友应该如何应对，才能化危险为祥和，甚至解救自己和他人于危险之中呢？下面就教大家一些应对之策。

一、地　震

防地震伤害主要是防震坏建筑物及震落物品的砸伤。如果有临震预报，就可按政府通告行动，离开建筑物，但在多数情况下，地震是突然发生的。要在十几秒钟之内通过自己的应急行动得到最好的防护效果，其办法是：

1. 一旦发生地震，如在家里，应立即关闭煤气和电闸，将炉火扑灭。若住在平房，且离门很近，则应冲出门外。如住在楼房，可以躲到结实的床、桌下，或躲进跨度较小的房间，如卫生间或厨房，或设支撑三角形空间。

2. 要注意保护头部，以防异物砸伤；要用口罩捂住嘴和鼻子，身体取低位。

注意： 千万不要跳楼、跳窗，以免摔伤或被玻璃扎伤；不要上阳台，不要去乘电梯，不要下楼梯，不要到处跑，不要随人流拥挤，这些地方容易崩塌垮掉、发生挤压踩伤。特别是对于有感地震，尤其要防止盲目行动，应听从指挥，否则会造成更大的损失。

3. 所有室内人员在初震过后，都要尽快撤出，去到广场、公园等地，以避余震。

4. 在地下商场时一定要听从现场工作人员的指挥，千万不要慌乱拥挤，应避开人流，防止摔倒；并要把双手交叉放在胸前，保护自己，用肩和背承受外部压力。随人流行动时，要避免被挤到墙壁或栅栏处；要解开衣领，保持呼吸畅通。也可躲在柜台、框架物中，蹲在内墙角及柱子边，护住头部。

5. 在电影院、体育馆等地方，可就地蹲在排椅下，用书包等物保护头部、注意避开吊灯、电扇等悬挂物。

6. 在行驶的公共电、汽车上时，要抓牢扶手，低头，以免摔倒或碰伤；可降低重心，躲在座位附近，以防发生意外事故。要等车停稳、地震过去之后再下车。司机要关好车窗，不锁车门，车钥匙应留在车上，并和同车人一起行动。

7. 如果震后不幸被废墟埋压，要尽量保持冷静，设法自救。无法脱险时，要保存体力，尽力寻找水和食物，创造生存条件，耐心等待救援人员。

人遇险被埋后一旦清醒，可采取以下行动先行自救：

（1）尝试着慢慢活动头、颈和四肢，检查身体是否受伤，确定身体哪些部位被压。

（2）清理口鼻、面部的泥沙，并尽可能地清理出较大的空间以获得自由活动和呼吸的条件。

（3）在确保环境相对稳定的情况下，如地震发生后的余震对自己所处位置的影响不大，设法清除身边的泥土和障碍物，力求扩大生存空间。

（4）切忌乱喊乱叫、焦躁不安，尽量减少氧气的消耗，最大限度地保存体力。

（5）当感觉憋气时，可寻找周围缝隙贴近呼吸，特别是注意有光的缝隙，尽可能地靠近光源处，以获得较好的空气来源和求救通道。

（6）注意收集各种可饮用的水、食品，必要时可饮用自己的尿液或者食用书本、树皮等物，以维持生命等待救援。

（7）不要放弃向外发出求救信息。

总结：临危逃生的基本原则：

1. 保持镇静，趋利避害。

2. 学会自救、保护自己。

3. 想方设法，不断求救。

二、泥石流

雨季时，切忌前往有危岩等崩塌危险的地段。夏汛时节，在选择去山区峡谷郊游时，一定要事先收听当地天气预报。旅行途中，不能在凹形陡坡、危岩突出的地方避雨、休息和穿行，不能攀登危岩。切忌在沟道处或沟内的低平处团队集中宿营。如遇泥石流，在最短最安全的路径向沟谷两侧山坡或高地跑，切忌顺着泥石流前进方向奔跑。不要停留在坡度大、土层厚的凹处；不要上树躲避。

遭遇泥石流时，不要慌张，可按以下方法脱险：

1. 沿山谷徒步时，一旦遭遇大雨，要迅速转移到附近安全的高地，离山谷越远越好，不要在谷底过多停留。

2. 注意观察周围环境，特别留意是否听到远处山谷传来打雷般声响，如听到要高度警惕，这很可能是泥石流将至的征兆。

3. 要选择平整的高地作为营地，尽可能避开有滚石和大量堆积物的山坡下面，不要在山谷和河沟底部扎营。

4. 发现泥石流后，要马上与泥石流成垂直方向向两边的山坡上面爬，爬得越高越好，跑得越快越好，绝对不能往泥石流的下游走。

5. 请徒步避难，携带品控制在最少的范围内。

三、洪　水

1. 不要惊慌，冷静观察水势和地势，然后迅速向附近的高地、楼房转移。如洪水来势很猛，就近无高地、楼房可避，可抓住有浮力的物品如木盆、木椅、木板等。必要时爬上高树也可暂避。

2. 切记不要爬到土坯房的屋顶，这些房屋浸水后容易倒塌。

3. 为防止洪水涌入室内，最好用装满沙子、泥土和碎石的沙袋堵住大门下面的所有空隙。如预料洪水还要上涨，窗台外也要堆上沙袋。

4. 如洪水持续上涨，应注意在自己暂时栖身的地方储备一些食物、饮用水、保暖衣物和烧水用具。

5. 如水灾严重，所在之处已不安全，应考虑自制木筏逃生。床板、门板、箱子等都可用来制作木筏，划桨也必不可少。也可考虑使用一些废弃轮胎的内胎制成简易救生圈。逃生前要多收集些食物、发信号用具（如哨子、手电筒、颜色鲜艳的旗帜或床单等）。

6. 如洪水没有漫过头顶，且周边树木比较密集，可考虑用绳子逃生。找一根比较结实且足够长的绳子（也可用床单、被单等撕开替代），先把绳子的一端拴在屋内较牢固的地方，然后牵着绳子走向最近的一棵树，把绳子在树上绕若干圈后再走向下一棵树，如此重复，逐渐转移到地势较高的地方。

7. 离开房屋逃生前，多吃些高热量食物，如巧克力、糖、甜点等，并喝些热饮料，以增强体力。

8. 注意关掉煤气阀、电源总开关。如时间允许，可将贵重物品用毛毯卷好，藏在柜子里。出门时关好房门，以免家产随水漂走。

四、海　啸

1. 感觉强烈地震或长时间的震动时，需立即离开海岸，快速到高地等安全处避难，全体人员尽量集中。

2. 如果收到海啸警报，没有感觉到震动也要立即离开海岸，快速到高地等安全处避难。通过当地向导或媒体随时掌握信息，在没有解除海啸警报之前，切勿靠近海岸。

五、雷　击

雷击的预防：

1. 碰到闪电打雷时，要迅速到就近的建筑物内躲避。

2. 在野外无处躲避时，要将手表、眼镜等金属物品摘掉，找低洼处伏倒躲避。要远离金属物体，因为闪电击中这些物体后，会向两旁射出较小的电弧，可以波及几米远的地方，电弧产生的热量会使四周空气急剧膨胀，产生冲击波。强大的声波可能会震伤肺部。

3. 千万不要在大树下躲避，否则直接遭雷击的死亡率是很高的。

4. 不要在巨石下、悬崖下和山洞口躲避雷雨，电流从这些地方中通过时会产生电弧，击伤避雨者。如果山洞很深，可以尽量躲在里面。

5. 不要在雷雨中骑车或骑马，更不要放风筝；雨中放风筝，会引雷击身。

6. 不要躲在旷野中孤立的小屋内，成群的建筑物是避雷的好地方。

7. 汽车内是躲避雷击的理想地方，就算闪电击中汽车，也很少会伤人。

8. 如果在游泳或在小艇上，应马上上岸。即便是在大的船上，也应躲到甲板之下，不要接触任何金属物。

被雷击中后的急救：

受雷击被烧伤或严重休克的人，身体并不带电。应马上让其躺下，扑灭身上的火，并对他进行抢救。若伤者虽失去意识，但仍有呼吸和心跳，则自行恢复的可能性很大，应让伤者舒适平卧。安静休息后，再送医院治疗。

若伤者已停止呼吸或心脏跳动，应迅速对其进行口对口人工呼吸和心脏按摩。注意在送往医院的途中也不要中止心肺复苏的急救：

1. 口对口人工呼吸：用干净卫生布（纸）盖在触电者口中，抢救者用一手捏紧触电者的鼻子，另一手用拇指和食指捏紧触电者嘴唇，进行吹气，每5秒一次，然后把捏鼻孔的手松开，循环做下去。抢救小孩时不要用力过猛。

2. 胸外按压法：中指和食指并拢，沿触电者肋弓下缘向上找到胸骨连接中点，两指放在胸骨下部限位，另一手掌紧靠食指，置于胸骨上，两臂伸直，两手掌相叠，利用体重，掌根接触触电者胸部，再放松、按压，手指不要离开胸壁，每分钟按压 80～100 次。

六、触 电

在一些环境中，比较容易发生触电等意外事故，比如孩子放风筝时，线搅在电线上；有人拉电线到池塘捕鱼；用鸟枪打停在电线上的鸟雀不慎打断电线；闪电打雷时在山坡上或树下躲雨，易遭受雷击。下雨天发生触电事故更多见，暴雨将电线刮落刮断，年久失修的电线易走电，雨中奔走视物不清易误触断落的电线。当看到他人发生触电时，不要惊慌，可采取以下方法施救：

1. 一旦发现触电者，不要直接触碰救援。

2. 首先需切断电源，电源开关在近处应拉开开关或拔脱插头。如果电源开关离触电者地点远，可以用绝缘工具。使用绝缘胶钳剪断电源线，应剪断火线后，再剪零线，火线、零线不能同时一起剪。

3. 如果是由电线引起触电，无法关断电源时，可以用木棒、板等将电线挑离触电者身体，再去拉开开关，切断电源。

4. 开关离得比较远时，应找一块干木板踏脚，把干燥衣服包几层在手，拉触电者衣、裤，使触电者脱离电源。然后去拉开关，切断电源。

5. 救援者最好戴上橡皮手套，穿橡胶运动鞋等。

发生触电事故时，在保证救护者本身安全的同时，必须首先设法使触电者迅速脱离电源，即想方设法断开电源，然后再进行以下抢修工作：

1. 解开妨碍触电者呼吸的紧身衣服。

2. 检查触电者的口腔，清理口腔的黏液，如有假牙，则取下。

3. 立即就地进行抢救；如呼吸停止，采用口对口人工呼吸法抢救；若心脏停止跳动或不规则颤动，可进行人工胸外挤压法抢救，决不能无故中断。

4. 迅速拨打急救电话120。

如果现场除救护者之外，还有第二人在场，则还应立即进行以下工作：

1. 提供急救用的工具和设备。

2. 劝退现场闲杂人员。

3. 保持现场有足够的照明和保持空气流通。

4. 向领导或老师报告，并请医生前来抢救。

实验研究和统计表明，如果从触电后 1 分钟开始救治，则 90% 可以救活；如果从触电后 6 分钟开始抢救，则仅有 10% 的救活机会；而从触电后 12 分钟开始抢救，则救活的可能性极小。因此当发现有人触电时，应争分夺秒，采用一切可能的办法。

七、缺 水

在各种特殊环境中，如地震被埋、掉入悬崖、火灾、泥石流等意外事件发生，失去饮用水源时，我们应该怎么办才能最大限度地延长自己的生命，等待救援人员的到来？

1. 要设法使现有的饮水环境和饮水口不受污染。

2. 要学会忍耐干渴。每次用水润湿口腔、咽喉等处，不要大口的喝水，以减少水的消耗。如果能够找到蔬菜水果的话，多选择以碳水化合物为主的蔬菜、瓜果及根叶类食品来解渴。如果实在是干渴难忍，还可用舌贴地、墙等办法吸潮解渴。

4. 在饮用水源遭到污染或者根本没有饮用水时，可以自己的尿液应急解渴。如果条件允许，可用桶（或者能够找到的其他器皿）盛尿，内置砂、泥土、卵石、木炭等过滤物质，在桶底钻个小孔，过滤后较为清洁。

哪怕没有食物，只要有水，人通常能够度过艰苦困难的 7～10 天，最终获得救援队伍的成功营救。

八、液化石油气体中毒

液化石油气的主要成分为丙烷、丙烯、丁烷、丁烯。组成液化石油气的全体碳氢化合物均有较强的麻醉作用，但因它们在血液中的溶解度很小，常压条件下，对机体的生理功能无影响。若空气中的液化石油气浓度很高，使空气中氧含量减低时，就能使人窒息。

1. 中毒表现：

中毒后会头晕、乏力、恶心、呕吐，并有四肢麻木及手套袜筒形的感觉障碍，接触高浓度时可使人昏迷。

2. 急救措施:

(1) 迅速将伤员带离现场,解开衣服,松开皮带,注意保暖,及时吸氧。

(2) 立即打电话求助。

九、有毒气体泄漏

1. 迅速采用常备或就便的防护器材保护自己并及时报警。

2. 迅速向上风方向或侧风方向转移,不要在低洼处滞留。

3. 有条件的也可转移到有滤毒通风装置的人防工事内。

4. 来不及撤离,可躲在结构较好的多层建筑物内,堵住明显的缝隙,关闭空调机、通风机等,熄灭火种;人员尽可能待在背风无门窗的地方。

5. 离开染毒区域后,要脱去污染衣物,及时进行消毒。必要时应到医务部门检查诊治。

6. 化学事故中,可用湿手巾、湿口罩、防毒面具保护呼吸道。保护皮肤可用雨衣、手套、雨靴。保护眼睛可用防毒眼镜、游泳潜水镜。

十、集贸市场发生火灾

集贸市场是人群聚集的场所,加上存放的物品多而复杂,容易发生火灾事故。由于集贸市场(商场)火灾有别于其他火灾,逃生方法也有其自身特点。

1. 利用现场物资逃生。发生火灾后,将毛巾、口罩浸湿后制成防烟工具捂住口鼻,利用绳索或布匹、床单、地毯、窗帘结成绳索进行逃生；也可利用各种皮带、消防水带、电缆线等进行逃生；充分利用安全帽、摩托车头盔、工作服等各种劳动防护用品进行保护，避免烧伤或被坠落物体砸伤。利用水管、房屋内外的突出部分和各种门、窗以及建筑物的避雷网（线）也能进行逃生。

2. 利用疏散通道逃生。利用室内楼梯、室外楼梯、自动扶梯、消防电梯等进行逃生。不要乘坐普通电梯逃生，因为发生火灾时，无法保证普通电梯的正常运行。

3. 寻找避难处所。在一时无法逃生的情况下，应先疏散到室外阳台、楼房平顶等待救援。将房间门窗关好，堵塞缝隙。房间如有水源，要立刻将门、窗和各种可燃物浇湿，以阻止或减缓火势和烟雾的蔓延速度。同时要大声呼救、敲打物体、挥动色彩鲜艳的物品发出求救信号等待救援。

十一、娱乐场所发生火灾

影剧院着火时的逃生注意事项：

影剧院着火时，面临着人员众多、疏散通道较少的困难，这就给人员逃生带来了很大的困难。在这种环境下，如何迅速疏散？

1. 选择安全出口逃生：

影剧院里，都设有消防疏散通道，并装有门灯、壁灯、脚灯等应急照明设备。用红底白字标有"太平门"、"出口处"或"非常出口"、"紧急出口"等指示标志。发生火灾后，观众应按照这些应急照明指示设施所指引的方向，迅速选择人流量较小的疏散通道撤离。

（1）当舞台发生火灾时，火灾蔓延的主要方向是观众厅。厅内不能及时疏散的人员，要尽量靠近放映厅的一端掌握时机进行逃生。

（2）当观众厅发生火灾时，火灾蔓延的主要方向是舞台，其次是放映厅。逃生人员可利用舞台、放映厅和观众厅的各个出口迅速疏散。

（3）当放映厅发生火灾时，由于火势对观众厅的威胁不大，逃生人员可以利用舞台和观众厅的各个出入口进行疏散。

（4）发生火灾时，楼上的观众可从疏散门由楼梯向外疏散。此外，还可就地取材，利用窗帘等自制救生器材，开辟疏散通道。

2. 注意事项：

（1）疏散人员要听从影剧院工作人员的指挥，切忌互相拥挤、乱跑乱窜，以免堵塞疏散通道，影响疏散速度。

（2）疏散时，人员要尽量靠近承重墙或承重构件部位行走，以防坠物砸伤。特别是在观众厅发生火灾时，人员不要在剧场中央停留。

（3）若烟气较大时，宜弯腰行走或匍匐前进，因为靠近地面的空气较为清洁。

其他公共娱乐场所，如网吧、歌厅、游乐场、酒吧等发生火灾后的5大"逃生要诀"：

1. 保持冷静，先观察火势，再选择正确的逃生方式。

2. 进入公众聚集场所时，应首先观察和熟悉疏散通道和安全出口的位置。发生火灾时，不要惊慌失措，应及时向疏散通道和安全出口方向逃生。疏散时要服从工作人员的疏导和指挥，分流疏散，避免争先恐后朝一个出口拥挤而堵塞出口。

3. 要学会利用现场一切可以利用的条件逃生，如将毛巾、衣服用水浇湿作为防烟工具捂住口、鼻；把被褥、窗帘用水浇湿后，堵住门口阻止火势蔓延；利用绳索或将布匹、床单、地毯、窗帘结绳自救。

4. 在无路可逃的情况下，应积极寻找避难处所，如到阳台、楼层平顶，发出各种呼救信号并等待救援。

5. 在逃生过程中要防止中毒。公众聚集场所有些部位在装修过程中使用大量的海绵、泡沫塑料板、纤维等装饰物，火灾发生后会产生大量有毒气体。在逃生过程中应用水浇湿毛巾或用衣服捂住口鼻，采用低姿行走，以减少烟气的伤害。

火灾逃生的九大重要注意事项：

一、不入险地，不贪财物。生命是最重要的，不要因为害羞及顾及贵重物品，而把宝贵的逃生时间浪费在穿衣或寻找、拿走贵重物品上。

二、简易防护，不可缺少。家中、公司、酒家应备有防烟面罩，最简易方法也可用毛巾和口罩蒙鼻，用水浇身，匍匐前进。因为烟气较空气轻而飘于上部，贴近地面逃离是避免吸入烟气的最佳方法。

三、缓降逃生，滑绳自救。千万不要盲目跳楼，可利用疏散楼梯、阳台、落水管等逃生自救。也可用身边的绳索、床单、窗帘、衣服等自制简易救生绳，并用水打湿，紧拴在窗框、暖气管、铁栏杆等固定物上，用毛巾、布条等保护手心，顺绳滑下到地面，或下到未着火的楼层脱离险境。

四、当机立断，快速撤离。受到火势威胁时，要当机立断披上浸湿的衣物、被褥等向安全出口方向冲出去，千万不要盲目地跟从人流相互拥挤、乱冲乱撞。撤离时，要注意朝明亮处或外面空旷的地方跑。当火势不大时，要尽量往楼层下面跑，若通道被烟火封阻，则应背向烟火方向离开，逃到天台、阳台处。

五、善用通道，莫入电梯。遇火灾不可乘坐电梯或扶梯，要向安全出口方向逃生。

六、大火袭来，固守待援。大火袭来，假如用手摸到房门已感发烫，此时开门，火焰和浓烟将扑来。这时，可关紧门窗，用湿毛巾、湿布塞堵门缝，或用水浸湿棉被，蒙上门窗，防止烟火渗入，等待救援人员到来。

七、火已烧身，切勿惊跑。身上着火，千万不要奔跑，可就地打滚或用厚重的衣物压灭火苗。

八、发出信号，寻求救援。若所有逃生线路被大火封锁，要立即退回室内，用打手电筒、挥舞衣物、呼叫等方式向外发送求救信号，引起救援人员的注意。

九、熟悉环境，暗记出口。无论是居家，还是到酒店、商场、歌厅时，务必留心疏散通道、安全出口及楼梯方位等，当大火燃起、浓烟密布时，便可以摸清道路，尽快逃离现场。

十二、发生拥挤踩踏事件

1. 及时拨打110、119或120等。

2. 已被裹挟至拥挤的人群中时，要听从指挥人员口令。切记一定要与大多数人的前进方向保持一致，不要试图超过别人，更不能逆行，千万要避免被绊倒。

3. 发现有人摔倒，要马上停下脚步，同时大声呼救，告知后面的人不要靠近。

4. 若被推倒，要设法靠近墙壁，身体面壁蜷成球状，双手在颈后紧扣，以保护身体最脆弱的部位。如有可能，抓住坚固牢靠的东西。

十三、恐怖分子劫持

1. 尽可能保持镇定。

2. 在被劫持的过程中，要保存体力。

3. 切记不要意气用事，不要单靠个人力量硬拼，更不要行为失控。同时，应观察时机，发现恐怖分子的漏洞后，果断抓住时机，临机处置。

4. 密切观察恐怖分子的动静，设法传递信息。例如，人质可通过发送手机短信、写字条等方式，将恐怖分子的数目、企图、特点和爆炸装置安装的地点、数量等最重要的信息传递出来。

5. 特战队员对恐怖分子发起攻击时，人质应立即趴倒在地，双手保护头部，随后迅速按特战队员的指令撤离。

记住：要避免惊慌和混乱，应首先搀扶老人和孩子。恐怖事件形形色色，劫持人质的事件也各不一样，在应对手段上没有固定模式，一旦遭遇，人质必须随机应变。

十四、发求救信号

求救信号的方式主要有火堆、光照、色彩、反光镜、摆放物品、声音、手势等。针对不同的求救方式，我们怎么才能发出正确的求救信号呢？

1. 火堆信号：点燃距离相等的三堆火，晚上以光为主，白天可放些青草形浓烟。

2. 光照信号：利用手电或灯，每分钟闪光6次，反复多次。

3. 色彩信号：穿颜色鲜艳的衣服或戴颜色鲜艳的帽子，站到突出的地方引起人的注意；或在高处挂鲜艳的衣服或被子等物。

4. 反光镜子信号：利用太阳反射信号，可引人注意，一般每分钟6次，重复反射。材料可用玻璃片、罐头皮、眼镜片、回光仪等。

5. 物品信号：利用树枝、石块、衣物等摆放"SOS"信号，每字尽可能大一点。在雪地上可直接写出"SOS"。

6. 声音信号：如距离不大，可发声求救；或借助打击声发出求救信号。

7. 手势信号：如两手臂不断挥动成交叉式样，以提醒过往的司机注意前方有人求救等。

第八章　常见疾病的预防与家庭急救

一年四季，春去秋来，寒来暑往，我们的身体跟着四季变化而相应地自我调节，以适应大自然的要求。但是，人体本身的调节并不一定及时，所以常常会出现一些小毛病。那么，对于日常生活中常见的疾病，我们应该如何防控呢？在自己和他人身体出现紧急状况时，我们又有何办法及时地帮助他们，以挽救生命呢？

一、常见疾病的预防

（一）感冒的预防

1. 通常情况下的感冒的预防措施和一些民间的治疗方法

对于感冒，虽然我们不能制服它，但还是有一些预防和缓解症状的办法，可以试一试。

（1）热水泡脚：每晚用较热的水泡脚15分钟，要注意泡脚时水量要没过脚面，泡后双脚要发红，才可预防感冒。

（2）生吃大葱：生吃大葱时，可将油烧热浇在切细的葱丝上，再与其他菜凉拌吃，不仅可口，而且可以预防感冒。

（3）盐水漱口：每日早晚、餐后用淡盐水漱口，以清除口腔病菌。在流感流行的时候更应注意盐水漱口，此时，仰头含漱使盐水充分冲洗咽部则效果更佳。

（4）冷水浴面：每天洗脸时要用冷水，用手掬一捧水洗鼻孔，即用鼻孔轻轻吸入少许水（注意勿吸入过深以免呛着）再擤出，反复多次。

（5）按摩鼻沟：两手对搓，掌心热后按摩迎香穴（位于鼻沟内、横平鼻外缘中点）十余次，可以预防感冒及在感冒后减轻鼻塞症状。

（6）鼻子插葱：感冒后鼻子不通气怎么办呢？可在睡觉时，在两个鼻孔内各塞进一根鲜葱条，3小时后取出，通常一次可愈。倘若不行，可于次日再塞一次。值得提醒的是：首先，葱条要选择粗一点的，细了，一是药力小，二是容易吸入鼻腔深部，不易取出；其次，若患者的鼻腔接触鲜葱过敏，可在葱条的外面包上一层薄薄的药棉。

（7）白酒擦身：用铜钱、硬币等光滑硬物蘸白酒，轻刮前后胸、曲池及下肢曲窝处，直至皮肤发红发热，然后喝一碗热姜糖水，约15分钟后便大汗淋漓。汗后周身轻松舒适，此时注意免受风寒，感冒很快痊愈。

（8）可乐姜汁：鲜姜20至30克，去皮切碎，放入一大瓶可口可乐中，用锅煮开，稍凉后趁热喝下，防治流感效果良好。

（9）呼吸蒸汽：初发感冒时，在杯中倒入开水，对着热气做深呼吸，直到杯中水凉为止，每日数次，可减轻鼻塞症状。

（10）香油拌蛋：将一两香油加热后打入一个鲜鸡蛋，再冲进沸水搅匀，然后趁热喝下；早晚各服一次，2至3天便可治好感冒愈后的咳嗽。

2. 旅行时感冒的预防措施

为避免旅途中感冒，应注意做到：

（1）不到有可能发生流感的地方或疫区去。在公共场所注意回避感冒者，或尽量与感冒患者保持 1 米以上的距离。这一距离较为安全，因为大多数散布于空气中的流感病菌能够传播的距离约为 1 米。

（2）保持室内空气流通。如果你别无选择要待在拥挤的车厢或湿度很低的环境中，如飞机座舱或通风透气极差的空调车中，那么每隔数小时就必须饮一杯饮料，以补充水分，预防感冒。

（3）注意气候变化，适时增减衣服，避免忽冷忽热，防止风邪侵袭。风对中枢神经系统有不良的作用，它使人感到压抑、头痛、烦躁、精神疲乏。风为百病之长，可以携带多种病菌侵犯人体。寒风、热风均可致人感冒，亦可使肌肉痉挛、关节疼痛。所以电风扇、空调不宜过久地对着人体吹凉风，尤其是潮湿闷热的南方夏季更应注意。

（4）每天用清水洗手两次以上。保持手、眼、鼻的卫生。

（5）保证良好的夜间睡眠。良好的睡眠可以消除疲劳，恢复体能，提高免疫细胞的功效。吃饱喝好、荤素搭配、讲究卫生，防止病从口入。

（二）禽流感的预防

预防人患禽流感做到"十要十不要"。

"十要"：

1. 购买鸡肉、鸡蛋，要到正规、经过检疫的市场。

2. 处理活鸡、冷藏和解冻生鸡或鸡蛋后，要用肥皂彻底洗净双手。

3. 食用家禽要彻底煮熟。

4. 食用禽蛋要待其蛋白、蛋黄都凝固方可食用，避免生食和半生不熟时食用。

5. 饲养家禽从业人员要加强个人防护，穿工作服、戴口罩、戴手套，严格执行操作卫生制度。

6. 家中的宠物鸟，要尽量避免与外界接触，注意打疫苗。

7. 农家鸡鸭与猪要分开饲养，避免混合饲养（因为猪很可能成为禽流感病毒的传播者）。

8. 要注意手部卫生，经常洗手，食前洗手，外出回来洗手；用肥皂和流动水洗手，每次不少于两遍15秒钟。

9. 要提高身体的抗病力，加强体育锻炼，有充足睡眠，避免劳累，多饮茶水。

10. 对重点人群要注射流感疫苗，如年老体弱者、幼儿、儿童等。

"十不要"：

1. 不要吃病死禽肉。

2. 不要吃野鸡、野鸟，克制口腹之欲。

3. 城市居民小区里不要饲养家禽。

4. 宠物鸟笼不要挂在外面，以防接触患病野鸟。

5. 到动物园游玩，不接触各种禽类和水禽。

6. 饲养信鸽者不要"散养"，不要整天不关门，不要任鸽子自由出入。

7. 住在沿海滩涂附近的居民，不要擅自非法捕鸟。

8. 如有出现发热、头痛、鼻塞、咳嗽、全身不适等症状，不要再与外界或其他人接触，应立即戴上口罩到医院就医。

8. 不要到有禽流感疫情的国家或国内有疫情的地区去旅游。

10. 保持正确良好的心态。禽流感可防可控不必怕，既充分重视，不掉以轻心，又不要"谈禽色变"，避免不必要的恐慌和过分担心，大家应采取一种正常、平和的心态对付此病。

（三）猪流感的预防

2009 年 4 月，国外爆发猪流感，国际卫生组织将大流感爆发的级别系数提高到 6 级。这意味着今后一段时间内，猪流感将成为人类安全的主要威胁之一。在猪流感疫情爆发时，我们应该怎样做呢？

1. 保持心态的平和，战略上要藐视猪流感，但是战术上却要高度重视个人的清洁卫生。

2. 饭前便后洗手，使用肥皂和清水洗手，每次洗手时间不少于15 秒。

3. 不要到人群密集、拥挤的地方去。

4. 保持室内外空气畅通，保持环境卫生。

5. 在咳嗽和打喷嚏时用纸巾或手帕遮掩口鼻处，不要直接对着

他人。

6. 不用脏手触摸鼻子、眼睛、嘴巴等处，防止"病从口鼻入"。

7. 实行分餐制，注意餐具的消毒。

8. 多喝水、多休息、多锻炼，提高自身的免疫系统防病能力。

9. 天气变化多端，遇到昼夜温差大时，要注意保暖，尤其是体育锻炼后，要及时添加衣物，以防流感病菌侵入。

10. 一旦出现发热症状，要及时就医。

（四）乙型肝炎的预防

乙型肝炎病毒以其病毒含量的多少作为传染指标来看，第一重要的是血液。大三阳乙型肝炎病毒携带者每毫升血中含有 1000 万～几亿个成熟乙型肝炎病毒颗粒。极微量的血液进入皮肤黏膜的破口，就可造成感染。第二是月经血所含的病毒量和血液是相似的，是重要的传染源。第三是阴道分泌物和精液所含病毒量虽不及血液及月经血多，但是在性生活中常能通过生殖黏膜破损而感染性伙伴。在乳汁、唾液中虽然有乙型肝炎病毒存在，但造成感染的可能性并不大，故不把它们作为主要传播原因对待。所以在生活上，最主要的措施是预防血传播及性传播。

1. 不用未检测乙型肝炎指标的血液及血制品。

2. 不到黑窝点去献血。

3. 不要从事男同性恋和其他性活动。

4. 不要在不正规的医疗机构使用不洁的注射器、穿刺针、针灸针、牙钻、内窥镜等介入性医疗仪器。

5. 不要用未消毒的剃须刀、穿耳针、文身针等进行美容活动。

6. 不要和乙型肝炎病人及乙肝病毒携带者共用毛巾、牙刷、被褥等，以防止出现生活接触类感染。

自 2002 年起，所有新生儿免费接种乙型肝炎疫苗，这是中国政府对人民的关怀。再困难也要给自己的孩子接种乙型肝炎疫苗，并按时打够 3 针，登记在预防接种证上。预防接种证是孩子健康的"身份证"，也是入托、入园、入学的通行证。但接种了乙肝疫苗后，我们还是要注意个人卫生啊！

（五）青春痘的防治

青春痘是可以预防的！青少年在成长发育时期，难免脸上会出现一些"青春美丽疙瘩痘"，大家不要紧张，我们通过正确的方法就能预防和彻底根治，保证拥有一张亮丽洁净的朝阳脸。

在饮食上，需注意以下几点：

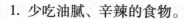

1. 少吃油腻、辛辣的食物。

2. 少吃糖类、淀粉类食物。

3. 多喝水，多吃青菜，尤其不能吃海鲜类的食品。

4. 多吃海带防"青春痘"。据医学科研人员发现，吃海带较多的青少年人群中，患有痤疮的人很少。究其原因，乃是与海带中含有较高的的锌元素有关。锌是人体必不可少的微量元素，它不仅能增强机体的免疫功能，而且还可参与皮肤的正常代谢，使上皮细胞正常分化，减轻毛囊皮脂腺导管口的角化，有利于皮脂腺分泌物排出。所以，青少年经常适量地食用海带，有助于预防"痘痘"的出现。

适当参加各种体育运动，多出汗，以帮助毛孔排除异物，彻底清理皮肤。

除了在饮食和运动上多加注意外，我们还要掌握正确的洗脸方法：

1. 长痘痘的油性皮肤要经常清洗，但洗脸的方法一定要注意。正确的方式是以 23 度左右的温水将脸拍湿，将洗面乳在手掌中揉搓出丰富的泡沫后，在脸上以打圈的方式轻轻揉开，注意洗干净每一个部位，然后尽快以冷水冲洗干净。这是最简单、经济的去油保养方式。另外，洗面乳最好只在早晚使用。

2. 不要用热水洗脸，因为热本身就是刺激，会使皮脂腺增加分泌量，蒸脸的原理也是相同的。

3. 不要用含有过多油脂的护肤品。尽量用质地较清爽的化妆水和乳液。

4. 不要滥用磨砂膏。磨砂膏的微粒可以去除脸上的角质，因此洗脸后可以让肌肤更加光滑，但这只限于健康的皮肤，长了痘痘之后情况就不同了。磨砂膏的微粒可能阻塞毛细孔而形成青春痘，突起的部分也容易因微粒碰撞而破裂，使伤口更加恶化。

5. 不要化浓妆：千万不要用浓妆去掩饰冒出的青春痘。想借粉底隐藏痘痘的心情是可以理解的，但这样只会堵塞毛细孔，导致青春痘更加恶化。病情尚属轻微时，可使用水溶性的粉底，并且尽量以在脸上停留最少时间为原则。情况严重时，则应完全停止化妆。

6. 积极补充水分：皮脂分泌旺盛的肤质最容易产生青春痘，因此往往让人漠视了肌肤的干涩与水分补给。事实上，水分与油分的关系可说是一体两面的。为了防止肌肤的老化，保持肌肤的弹性和光泽，水分是不可或缺的。即使长了青春痘，也不要忽略了水分的补充。"痘痘族"应该以不易造成青春痘的化妆水补充水分，如专门针对青春痘设计的化妆水。这些化妆水中适量的酒精及杀菌剂对肌肤是有益的。

千万不要用手去挤压"痘痘"！否则会引起化脓发炎，脓疮破溃吸收后形成疤痕和色素沉着，影响美观。

"战痘"的朋友们除了要勤洗脸，还要常洗头，头发尽可能地不要贴住面部皮肤，使其有充分接触新鲜空气的机会；注意饮食卫生，保持消化道功能正常，防止大便干燥和便秘等问题的出现。此外，学习、娱乐、生活注意劳逸结合，不要为此而长期精神紧张，要保证每天7~8小时的睡眠时间。睡得好，才能保证面部肌肤有充足的时间去恢复生机和活力啊！

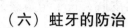

（六）蛀牙的防治

当我们还是小孩子的时候，已经学会了要正确地刷牙，不要贪吃甜食等，防止出现蛀牙。其实，这样的教育在我们进入青少年时期后仍然是有益的。我们在青少年时期仍然可能会因为不良的饮食习惯而出现"虫牙"。虫牙一旦疼起来，不仅影响到我们脸部的美观，更重要的是，它还会影响到我们的身体健康。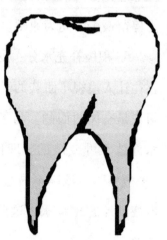所以，我们还得继续坚持正确的方法，从清洁口腔和注意食品等方面入手打好"洁净健康牙齿"保卫战。

1. 注意口腔卫生，要养成早晚刷牙的习惯，进食后要漱口。正确的刷牙方法：要顺刷，即上牙由上往下刷，下牙由下往上刷，里里外外都刷到，还要注意刷牙的咬面。这样就可把牙缝和各个牙面上的食物残渣刷洗干净，刷牙后要漱口。不要横刷，横刷容易损伤牙龈，也刷不净牙缝里的残渣。

2. 每天坚持正确使用牙线，清除牙缝间的残留物和牙刷刷不到的部位。

3. 入睡前不要吃酸性食品、甜食和其他食物。吃含糖食物一定要适量，过量的糖分不利于身体发育。少吃零食和糖果糕点。睡前不吃糖，吃含糖食品后要刷牙，保持口腔清洁。

4. 合理饮食，多吃一些富含蛋白质、维生素、钙、磷等物质的食物。可多吃一些乳制品、鱼类、豆类和动物肝脏，以及蜂蜜、水果等。这些食品对牙齿有一定的保护作用，能够有效防治蛀牙的出现。

5. 按时增加各种辅食，多吃粗糙、硬质和含纤维质的食物，对牙面有摩擦洁净的作用，减少食物残屑堆积。硬质食物需要充分咀嚼，既增强牙周组织，又能摩擦牙齿咬面，也可能使窝沟变浅，有利减少窝沟龋。

6. 在牙膏的选择上尽量选择含氟牙膏。含氟牙膏一般含浓度不超过 0.4% 的氟化钠，可每天早、晚各刷牙 1 次，对预防龋齿有一定的效果。此方法较易推广，也是目前国际上公认的最佳辅助方法。

（七）电脑疾病的防治

对于现代青少年来说，电脑毫无疑问已经成为他们亲密的伙伴。他们接触键盘、鼠标以及屏幕的次数超过了所有其他物品。这样的"亲密接触"自然不是无代价的。由电脑带来的各种疾病正在困扰着他们。

1. 神经肌痛：神经肌痛发病早期，疼痛只在疲劳时出现，久而久之则逐渐变为持续性。体检时常见患部肌肉紧张而有压痛，个别严重者，甚至可合并有植物神经血管障碍的表现，如肢端感觉异常、手指皮肤苍白或轻度发绀等。随病程进展，手臂可逐渐无力，以至于不仅本职工作受到影响，日常生活亦受影响。此病通常在改换工种后，症状可逐渐缓解。

致病原因：神经肌痛的产生原因与某些操作方式有关，多由于长期在固定姿势下持续而紧张的劳动所致。由于人们使用电脑的机会、时间增加，近年来患此病的人数有所增多。在打字时，一方面肩胛带肌群要持续紧张以固定上肢的姿势，另一方面手指要进行单调而频繁的反复运动，这样就使一部分肌肉经常处于过度的紧张和疲劳状态，从而发生局部肌痉挛以及神经肌痛。

预防措施：应像运动前要热身一样，打字之前也应"暖暖"手指和手腕，即先用力握拳，持续10秒后放开，然后十指全力伸展10秒，反复做10次；再活动肢体和全身，让人的全身特别是上肢都活动开来，以增加血液循环供应。这样，即使局部再反复运动，受损伤的机会也会减少。

另外，打字时间不要太长，要间断休息，最好每15～30分钟，停下来休息一下，做手指关节的伸展活动。如果在打完文件之后，再让双手泡个"热水澡"，然后做重复握拳、放开的伸展动作，这对增加肌腱的柔软度、防止手及上肢等部位的劳损大有裨益。

2. "屏幕脸"：天天与电脑打交道的人，长期面对电脑屏幕，缺少正常的感情交流，久而久之会出现面部表情不丰富甚至无表情、表情淡漠的情况。时间长了，人际关系也会受到影响，严重的还会因此产生心理障碍。

预防措施：首先调整显示器的位置，将电脑屏幕中心位置安装在与操作者胸部同一水平线上。眼睛与屏幕的距离根据屏幕大小而定，一般14英寸的屏幕应在50～60厘米，15英寸的屏幕应在60～70厘米，以此类推。视线应保持水平向下约30度。其次，室内光线要适宜，并避免光线直射在屏幕上而产生炫光等干扰光线。每注视屏幕 1 小时，就应闭眼休息或远眺数分钟或做眼球转动。

3. "键盘腕"：医学上所谓的"键盘腕"乃腕管综合征，是由于长期从事电脑打字工作敲击键盘所致。主要症状为手腕、拇指、食指及中指麻木和疼痛，常自觉大拇指笨拙无力，拇指、食指、中指感觉迟钝和异常，而小指和无名指内半侧完全正常。如果让患者将两手搁在桌子上，前臂与桌面垂直，两手腕自然屈掌下垂，大约 1 分钟即可出现食指和中指的麻木。

预防措施：应让长期操作电脑者将腕部垫起，避免悬腕操作。工作 1 小时左右应作短暂的休息，同时活动一下腕部。治疗时应该暂时停止使用电脑，并遵从医嘱用物理、封闭、手术等方法治疗。

4. "鼠标手"："鼠标手"是指手部麻木、灼痛、腕关节肿胀，手部动作不灵活甚至无力等。之所以叫"鼠标手"，主要是因为人们使用鼠标时，总是反复机械地集中活动一两个手指，而配合这种单调轻微的活动，还会拉伤手腕的韧带，导致周围神经损伤或受压迫。

预防措施：每工作 1 小时就要起身活动活动身体，做一些握拳、捏指等放松的动作。使用电脑时，电脑桌上的键盘和鼠标的高度，最好低于坐着时的肘部高度。使用鼠标时，手臂不悬空，移动鼠标时不要用腕力而尽量靠臂力做。

5. 电脑护眼

电脑护眼存在的七大误区：

（1）眼睛累了才需要休息。其实眼睛的疲劳是时刻积累起来的，等感觉到累的时候已经受到伤害了，所以应该在感觉到累以前主动采取措施。

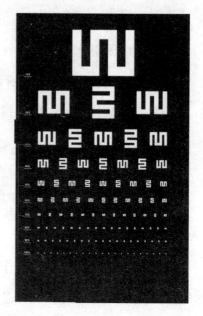

（2）使用液晶显示器和笔记本电脑无须护眼。由于液晶显示器和笔记本电脑都是采用液晶屏幕，没有了闪烁，也少了辐射，视觉感受会更舒服。但是屏幕的亮度没有减弱，甚至更强；屏幕的内容没有变化，眼睛还是有同样的阅读负担，视觉疲劳因素没有明显减弱。另外，由于笔记本电脑键盘与屏幕一体，所以距离人眼会更近，眼睛调节负荷更大，刺激也会更强，可能更容易产生疲劳。

（3）"视保屏"能保护视力。"视保屏"主要是针对防辐射来设计的，具备一定的防辐射功能，但是不具备保护视力的功能。它被覆盖在显示器前，会改变显示器本身的光学效果。如果使用劣质的"视保屏"，不但不能保护视力，还会伤害视力。

（4）点眼药水很安全。一些我们常用的眼药水中，含有防腐剂、激素、抗生素，长期使用对眼睛的损害无法弥补！比如：环丙沙星有轻度的胃肠道副作用；氯霉素可引起白细胞减少甚至再生障碍性贫血。研究证明，链霉素、氯霉素、红霉素、先锋霉素和多粘菌素 B 能抑制免疫功能，削弱机体抵抗力。

（5）近视用电脑必须戴眼镜。任何负责任的眼科医生为您验光配镜的时候都会特别强调：给您配的眼镜是看远用的！（走路、上课看黑板、看电影电视等）。如果度数比较低，比如在300度内，裸眼看屏幕比较轻松，则无需在用电脑的时候戴眼镜。高度近视或调节异常的人则需要两副不同度数的眼镜，度数大的看远用，度数小的看近用。戴错眼镜会给眼睛增加更大的调节负担，眼睛更容易累，视力下降加快。

（6）电脑照明用台灯放置侧面。普通台灯光照较强，当从侧面照射屏幕时，容易从屏幕反射强光进入人眼，使人眼易疲劳甚至受到伤害。而在使用电脑时，由于屏幕的光很亮，这种反射的强光不容易察觉，往往被忽视。

（7）成年人无须护眼。视力保健应该是终身的。常人处在青少年时期和老年时期的视力变化较快，但在人生的各个阶段都需要给以足够的关注，切莫等到有明显的视力变化时才引起重视。大家都知道，长时间在电脑前工作会使眼睛干涩发痒，产生严重的不适感；过度使用电脑会增加患青光眼的风险，有可能导致永久失明。

电脑护眼的三大法宝：

（1）休息与看远。用电脑工作每1个小时左右，闭目休息5分钟，或者看看远处。

（2）夜间合适的灯光。光照需要自上而下照，不能照射屏幕，不能有频闪；光照要均匀，不能太亮。可用普通白炽灯，安置在头顶略前，40瓦左右。如果是无频闪台灯，或者40瓦白炽台灯，可以放在台式机器主机上，或者悬吊起来，自上而下照射，亮度调低。另外，市面上有电脑爽目仪类产品，一般带有 1 瓦左右的无频闪光源，顶部照射，比较适宜使用。

（3）改善视觉环境，配置防护措施。可以在电脑顶部放一两个可爱的小布娃娃，或者在电脑背后放置喜欢的图画或者盆景，能起到一定的缓解作用。

（4）正确适度使用眼药水。眼药水的使用，要听从医生建议，不要长期用同一种含药物成分和防腐剂的眼药水，对人工泪液也要控制使用，不宜太频繁，否则会影响正常泪液排放。

（八）佩戴隐形眼镜的风险

现在，不少人为了美丽，都纷纷摘掉沉重的框架眼镜，戴上小巧的隐形眼镜。但是一直以来关于隐形眼镜对眼睛健康的影响，人们都有些担忧。比如戴隐形眼镜的时间越长，眼球角膜磨损会不会越明显；戴隐形眼镜所引发的炎症会不会对角膜造成无法挽回的伤害等。这些问题的提出，都提醒我们要正确选择和科学佩戴隐形眼镜。

隐形眼镜是一种医疗用品，选择和佩戴一定要在医生或专业配镜师指导下进行。而且隐形眼镜不是人人都能戴的，如已经患有角膜炎、结膜炎的人以及患有糖尿病等慢性病的人都是不能戴隐形眼镜的。

对于已经佩戴了隐形眼镜的同学们，下面的注意事项一定要遵守：

1. 每天戴隐形眼镜不要超过 10 个小时。

2. 不能戴隐形眼镜过夜。

3. 隐形眼镜和框架眼镜各准备一副，交替使用。

（九）保护好听力

在马路上或者运动场上，经常能看见同学们戴着随身听。随身听又称为耳机，经常使用它们容易引发耳部疾病。医务人员专门研究了"随身听综合症"后发现，有两个原因导致了听力损害：一是长时间无节制使用随身听，特别是习惯在大音量下使用，这样很容易损害听力；二是随身听的耳塞设计上不利于听觉器官，容易损害耳膜，最终导致不可恢复性的听力障碍。

为了防止随身听损害健康，专家建议：

1. 使用时间不要太长，每听 1 小时应休息 30～40 分钟，每天最好不要超过 3 小时。

2. 音量别超过最大音量的 60%，当旁人能听到你耳机传来的声音，或是你戴上耳机后听不到周围的声音，也表示音量太大。

3. 使用不够小巧方便，但显然音质更好，也不容易伤害耳膜的头戴式耳机。由于耳塞是带来听力伤害最主要的原因之一，因此，在实际使用时，最好常备一副头戴式耳机，而且只在外出时才使用耳塞。

二、家庭急救

（一）小腿抽筋

小腿抽筋在医学上被称为腓痉挛，是因为腿肚的腓肠肌痉挛而引起腿部抽筋，并伴有剧痛，令人暂时不能动弹。这种情况若是发生在游泳时，是很危险的。旅行时，由于路比平时走得多（尤其是登山旅行），腓肠肌过度疲劳，小腿抽筋也是常有的事。它的治疗方法较多，也简单易行，都是以放松局部肌肉来达到缓解疼痛的目的。

1. 旋转法：起身而坐，伸直抽筋的腿，用手握住前脚掌，向外侧旋转踝关节，只要动作连贯有力，通常能立即止住剧痛。

2. 扳脚法：取坐姿，一手用力压迫痉挛的腿肚肌肉，一手抓住脚趾向后扳脚，使足部背曲，再上下活动一下脚，抽筋就能得到缓解。

3. 按压法：在膝关节内侧腘窝两边有硬而突起的肌肉主根，腓肠肌头神经根便附着在里面，用大拇指强力按压此处，异常兴奋的神经就会镇静下来，从而达到停止抽筋、消除疼痛的目的。

小腿抽筋的预防是比较简单的，在活动前、活动后、睡前，按摩腿肚肌肉即可。常常抽筋的人可在游泳前将捣烂的生姜渣汁涂在腿上，充分按摩，便能收到很好的预防效果。

（二）中暑

1. 中暑的症状

（1）先兆中暑：出现大量出汗、口渴、头昏、耳鸣、胸闷、心悸、恶心、体温升高、全身无力等情况。

（2）轻度中暑：除上述病症外，体温在 38 摄氏度以上，面色潮红，胸闷，有面色苍白、恶心、呕吐、大汗、皮肤湿冷、血压下降等呼吸循环衰竭的早期症状。

（3）重度中暑：除上述症状外，还出现昏倒痉挛、皮肤干燥无汗、体温40摄氏度以上等症状。

2. 出现中暑后的急救措施

（1）迅速将中暑者移至凉快通风处。

（2）脱去或解松衣服，使患者平卧休息。

（3）给患者喝含盐清凉饮料或含食盐0.1%～0.3%的凉开水。

（4）用凉水或酒精擦身。

（5）重度中暑者立即送医院急救。

3. 防暑降温的妙法

炎炎夏日，酷暑难耐。人们往往把果汁、冰糕等冷饮、冷食作为解暑降温的宝贝。其实，夏季防暑降温的宝贝应该是以下几种：

（1）盐开水：喝白开水应选择沸腾后自然冷却的新鲜凉开水（20摄氏度～25摄氏度），这种白开水具有特异的生物活性，容易透过细胞膜进入细胞内，很快被吸收利用。喝白开水时最好加些盐。夏季高温，出汗过多，体内盐分减少，体内的渗透压就会失去平稳，从而出现中暑，而多喝些盐开水或盐茶水，可以补充体内失掉的盐分，达到防暑的功效。

（2）茶水：钾是人体内重要的微量元素，能维持神经和肌肉的正常功能，特别是心肌的正常运动。科学分析表明，茶叶含钾较多，占其比重的1.5%左右。钾容易随汗水排出，温度适宜的茶水应该是夏季首选饮品。

（3）陈醋：夏季人们饮水较多，胃酸相应减少，使食欲减退。适量食醋可增加胃酸的浓度，生津开胃，帮助消化。如果在烹调时加些醋，可使胃酸增多增浓，从而增加食欲。夏季是肠道传染病流行季节，吃醋还能提高胃肠道的杀菌作用。另外，如在烹饪时加入几滴醋，还会减少蔬菜中维生素 C 的损失，而且有利于人体对食物中铁的吸收。

（4）绿豆汤：绿豆汤有独特的消暑清热功效。中医认为，绿豆具有消暑益气、清热解毒、润喉止渴、利水消肿的功效，能预防中暑。有关实验表明，绿豆对减少血液中的胆固醇及保护肝脏等均有明显作用。唯一不足之处是绿豆性太凉，体虚者不宜食用。

（5）苦瓜：苦瓜因其味苦而清香可口，被人们视为难得的食疗佳品。我国民间自古就有"苦味能清热"和"苦味能健胃"的经验之谈。中医认为，苦瓜味苦、性寒冷、能清热泻火。苦瓜有微苦滋味，吃后能刺激人体唾液、胃液分泌，使食欲大增，清热防暑，因此，夏食苦瓜正相宜。

（6）人丹：主要成分是薄荷冰、滑石、丁香、木香、小茴香、砂仁、陈皮等。它具有清热解暑、避秽止呕之功效，是夏季防暑的常用药，主要用于因高温引起的头痛、头晕、恶心、腹痛、水土不服等症。此药能促进肠道蠕动，缓解肠痉挛。中暑、急性胃肠炎、咳嗽痰多者服用为宜。

（三）扭伤

关节过猛的扭转、撕裂附着在关节外面的关节囊、韧带及肌腱，就是扭伤。扭伤最常见于踝关节、手腕子及下腰部。发生在下腰部的扭伤，就是平常说的闪腰岔气。痛是必然出现的症状，另外的常见表现还有皮肤青紫、肿、关节不能转动。

急救措施：

1. 在运动中扭伤手指，应立即停止运动。首先是冷敷，最好用冰。但一般没有准备，可用水代替。将手指泡在水中冷敷 15 分钟左右，然后用冷湿布包敷。再用胶布把手指固定在伸指位置。如果一周后肿痛继续，可能是发生了骨折，一定要去医院诊治。

2. 如踝关节扭伤，首先是要静养。用枕头把小腿垫高。可用茶水或酒调敷七厘散，敷伤处，外加包扎。

3. 腰部扭伤也是要静养。应在局部作冷敷，尽量采取舒服体位，或者侧卧，或者仰平卧屈曲，膝下垫上毛毯之类的物品。止痛后，最好是找医生来家治疗。

（四）被蜂蜇伤

夏秋季节外出游玩，如被蜂蜇伤，不要以为没有什么，应引起重视，因为假如蜂毒进入血管，会发生过敏性休克，严重的会导致死亡。

急救措施：

1. 被蜂蜇伤后，其毒针会留在皮肤内，必须用消毒针将叮在肉内的断刺剔出，然后用力掐住被蜇伤的部分，用嘴反复吸吮，以吸出毒素。如果身边暂时没有药物，可用肥皂水充分洗患处，然后再涂些食醋或柠檬。

2. 万一发生休克，在通知急救中心或去医院的途中，要注意保持呼吸畅通，并进行人工呼吸、心脏按摩等急救处理。

注意事项：

1. 被毒蜂蜇伤后，往患处涂氨水基本无效，因为蜂毒的组织胺用氨水是中和不了的。

2. 黄蜂有毒，但蜜蜂没有毒。被蜜蜂蜇伤后，也要先剔出断刺。在处置上与黄蜂不同的是，可在伤口涂些氨水、小苏打水或肥皂水。

3. 被蜂蜇伤20分钟后无症状者，可以放心。

（五）咽部有异物

1. 可自己压住舌头，连续咳嗽2～3次。

2. 患者上半身前倾，他人从身后用两手合拢围起，把前胸向上提起。

3. 侧卧，用手指试钩咽喉部，有时也能钩出异物。

4. 若为体重较轻的儿童，则头朝下抱起，用力拍打背部2～3次。异物还是除不掉时，赶快送医院。

（六）被猫、狗咬伤

狂犬病是人被狗、猫、狼等动物咬伤而感染狂犬病毒所致的急性传染病。狂犬病毒能在狗的唾液腺中繁殖，咬人后通过伤口残留唾液使人感染。人发病时主要表现为兴奋、恐水、咽肌痉挛、呼吸困难和进行性瘫痪，直至死亡。潜伏期为 20～90 天。一旦发病，治疗上目前无特效药物，病死率近100%。

　　典型疯狗常表现为两耳直立、双目直视、眼红、流涎、消瘦、狂叫乱跑、见人就咬、行走不稳；也有少数疯狗表现安静，离群独居，但一受惊扰就狂叫不已，吐舌流涎，直至全身麻痹而死。有的狗、猫虽无"狂犬病"表现，却带有狂犬病毒，它们咬人后照样可以使人感染狂犬病毒而得"狂犬病"。所以，人被狗或猫咬伤后，不管当时能否肯定是疯狗所为，都必须按下述方法及时进行伤口处理：

　　1. 若伤口流血，只要不是流血太多，就不要急着止血，因为流出的血液可将伤口残留的疯狗唾液冲走，自然可起到一定的消毒作用。对于流血不多的伤口，要从近心端向伤口处挤压出血，以利排毒。

　　2. 必须在伤后的 2 个小时之内，尽早对伤口进行彻底清洗，以减少狂犬病的发病机会。用干净的刷子，可以是牙刷或纱布，和浓肥皂水反复刷洗伤口，尤其是伤口深部，并及时用清水冲洗，不能因疼痛而拒绝认真刷洗，刷洗时间至少要持续 30 分钟。

3. 冲洗后，再用 70% 的酒精或 50 度 ~ 70 度的白酒涂擦伤口数次，在无麻醉条件下，涂擦时疼痛较明显，伤员应有心理准备。

4. 涂擦完毕后，伤口不必包扎，可任其裸露。对于其他部位被狗抓伤、舔吮以及唾液污染的新旧伤口，均应按咬伤同等处理。

5. 经过上述伤口处理后，伤员应尽快送往附近医院或卫生防疫站接受狂犬病疫苗的注射。

（七）被毒蛇咬伤

毒蛇咬伤多见于夏、秋季。毒蛇口内有毒腺，通过排毒管与毒牙相连，当毒蛇咬人时便把毒腺内的蛇毒素注入人体组织。蛇毒按其性质可分为：神经毒、血循毒、混合毒三大类。

1. 被毒蛇咬伤的症状：

（1）神经毒：以侵犯神经系统为主，局部反应较少，会出现脉弱、流汗、恶心、呕吐、视觉模糊、昏迷等全身症状。

（2）血液毒：以侵犯血液系统为主，局部反应快而强烈，一般在被咬后 30 分钟内，局部开始出现剧痛、肿胀、发黑、出血等现象。时间较久之后，还可能出现水泡、脓包，全身会有皮下出血、血尿、咳血、流鼻血、发烧等症状。

（3）混合毒：同时兼具上述两种症状。

2. 处理：

（1）保持冷静：千万不可以紧张乱跑奔走求救，这样会加速毒液散布。尽可能辨识咬人的蛇有何特征，不可让伤者使用酒、浓茶、咖啡等兴奋性饮料。

（2）立即缚扎：用止血带缚于伤口近心端上 5～10 厘米处，如无止血带可用毛巾、手帕或撕下的布条代替。扎敷时不可太紧，应可通过一指，其程度应以能阻止静脉和淋巴回流但不妨碍动脉流通为原则（和止血带止血法阻止动脉回流不同），每 2 小时放松一次即可（每次放松 1 分钟）；而以前的观念认为 15～30 分钟中要放松 30 秒～1 分钟。临床视实际状况而定，如果伤处肿胀迅速扩大，要检查是否绑得太紧，这时绑的时间应缩短，放松时间应增多，以免组织坏死。

（3）冲洗伤口：将伤口切开之前必须先以生理食盐水、蒸馏水，必要时亦可用清水清洗伤口。

（4）切开伤口，适当吸吮：将伤口以消毒刀片切开成十字形，以吸吮器将毒血吸出。施救者应避免直接以口吸出毒液，若口腔内有伤口可能引起中毒。口服蛇药片（如南通季德胜蛇药片），或将蛇药片用清水溶成糊状涂在创口四周。

（5）立即送医：除非肯定是无毒之蛇咬伤，否则还是应视作毒蛇咬伤，并送至有血清的医疗单位接受进一步治疗。

3. 预防：

（1）进入有蛇区，应着厚靴及厚帆布绑腿。

（2）夜行应持手电筒照明，并持竹竿在前方左右拨草将蛇赶走。

（3）野外露营时应将附近之长草、泥洞、石穴清除，以防蛇类躲藏。

（4）平时应尽可能的了解和熟悉各种蛇类的特征及毒蛇咬伤急救法。

（八）烧伤、炸伤

在家庭社区，一旦发生了烧伤、炸伤等事故，不要惊慌，最要紧的是准确快速地找到应急措施，及时施救。

1. 一旦有人被焰火烧伤，除应立即脱离现场外，还要迅速脱掉着火的衣服，用自来水冲。农村无自来水处，则应立即跳入附近浅塘、河湾（记住一定要在水浅处），或者用不易着火的覆盖物如大衣、毛毯、雨布、棉被等覆盖灭火。

2. 如果穿的衣很紧，就穿着衣服作冷水浴，难脱的衣服勉强脱下可能会增加损伤的程度。

3. 如果是头部烧伤，可取冰箱中冷冻室内的冰块，用打湿的干净毛巾包住作冷敷。绝不要怕用冷水冲烧伤处，尽快冲冷水可以防止烧伤面积扩大。

4. 如果没有消毒纱布，马上用熨斗熨过几次或用电吹风吹过的干净毛帕代替，轻轻盖在伤口上。

5. 千万不要去涂什么狗油、酱油、烟丝或油膏之类的物品。这是帮倒忙，这样做最易引起细菌感染，到医院后医生还要花大力气为你清洗，既浪费时间、药物，又增加痛苦。

6. 如果炸伤眼睛，千万不要去揉擦和乱冲洗，最多滴入适量的消炎眼药水，并平躺，拨打120或急送有条件的医院。

7. 如果手部或足部被鞭炮等炸伤流血，则应迅速用双手为其卡住出血部位的上方，可以洒上云南白药粉或三七粉止血。如果出血不止又量大，则应用橡皮带或粗布扎住出血部位的上方，抬高患处，急送医院清创处理。但捆扎带每15分钟要松解一次，以免患部缺血坏死。

当发生烧伤、炸伤后除作上述处理外，还应检查一下：

1. 鼻毛有无烧焦，如被烧焦，有可能会烧伤呼吸道，如果不及时告知医生，可能会发生肺水肿，引起呼吸困难。

2. 要注意有无睫毛烧糊变卷，如有则可能烧伤眼球，这均要及时在就诊时告诉医生。

（九）止血的方法

1. 一般止血法：对小的创口出血，需用生理盐水冲洗、消毒患部，然后覆盖多层消毒纱布，并用绷带扎紧包扎。注意：如果患部有较多毛发，在处理时应剪、剃去毛发。

2. 指压止血法：只适用于头面颈部及四肢的动脉出血急救，注意压迫时间不能过长。

（1）头顶部出血：在伤侧耳前，对准下颌耳屏上前方1.5厘米处，用拇指压迫颞浅动脉。

（2）头颈部出血：四个手指并拢对准颈部胸锁乳突肌中段内侧，

将颈总动脉压向颈椎。注意不能同时压迫两侧颈总动脉，以免造成脑缺血坏死。压迫时间也不能太久，以免造成危险。

（3）上臂出血：一手抬高患肢，另一手四个手指对准上臂中段内侧压迫肱动脉。

（4）手掌出血：将患肢抬高，用两手拇指分别压迫手腕部的尺、桡动脉。

（5）大腿出血：在腹股沟中稍下方，用双手拇指向后用力压股动脉。

（6）足部出血：用两手拇指分别压迫足背动脉和内踝与跟腱之间的颈后动脉。

3. 屈肢加垫止血法：当前臂或小腿出血时，可在肘窝、膝窝内放以纱布垫、棉花团或毛巾、衣服等物品，屈曲关节，用三角巾作8字形固定。但骨折或关节脱位者不能使用此方法。

4. 橡皮止血带止血：常用的止血带是三尺左右长的橡皮管。方法是：掌心向上，止血带一端由虎口拿住，一手拉紧，绕肢体2圈，中、食两指将止血带的末端夹住，顺着肢体用力拉下，压住"余头"，以免滑脱。注意使用止血带要加垫，不要直接扎在皮肤上。每隔15分钟放松止血带2~3分钟，松时慢慢用指压法代替。

5. 绞紧止血法：把三角巾折成带形，打一个活结，取一根小棒穿在带子外侧绞紧，将绞紧后的小棒插在活结小圈内固定。

6. 填塞止血法：将消毒的纱布、棉垫、急救包填塞、压迫在创口内，外用绷带、三角巾包扎，松紧度以达到止血为宜。

另外，对于鼻子出血的紧急处理有以下方法：

指压止血法：如出血量小，可让病儿坐下，用拇指和食指紧紧地压住病儿的两侧鼻翼，压向鼻中隔部，暂让病儿用嘴呼吸。同时在病儿前额部敷以冷水毛巾，一般压迫5～10分钟左右，出血即可止住。

压迫填塞法：如果出血量大，或用上法不能止住出血时，可采用压迫填塞的方法止血。具体做法是：用脱脂棉卷成如鼻孔粗细的条状，向鼻腔充填。不要松松填塞，因为填塞太松，达不到止血的目的。

注意：捏鼻止血时，安慰病儿不要哭闹，张大嘴呼吸，头不要过分后仰，以免血液流入喉中。经上述处理后，一般鼻出血都可止住。如仍出血不止者，需及时送医院，在医院除继续止血外，还应查明出血原因。

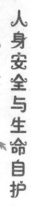
第九章　青少年预防被害的措施

　　青少年就如同朝阳，充满了生机和活力，让人羡慕，但是，正因为他们的稚嫩和娇美，又成为许多违法犯罪分子侵害的对象。在越来越多的案件中，我们可以看到，一方面青少年成为违法犯罪行为人的比例逐年提高，而另一方面青少年又成为违法犯罪案件中的主要被害人。这种情况让有识之士非常忧虑，并想出各种办法予以防范。那么，作为青少年，我们又该怎样做，以防止成为被害人，减少侵害发生的概率呢?

一、易受侵害青少年类型

　　1. 性格孤僻，不合群的孩子。这些青少年在生活中独来独往，由于缺少同伴，在发生侵害行为时不知如何呼救甚至无人可以寻求帮助，因此容易成为不法分子实施犯罪行为的侵害对象。他们经常单独行动和生活，父母白天一整天不在家，家里大人很忙碌经常出差，爷爷奶奶姥姥姥爷（外公外婆）年岁大无力整天陪同孩子，这些都为犯罪分子实施犯罪行为提供了更加"便利"和"舒适"的环境。犯罪行为的"成功"使得犯罪分子更加频繁地对这部分人群实施犯罪。

　　2. 富裕群体的孩子。我国正处于社会主义初级阶段，拜金主义、享乐主义的不良现象极易影响当代青少年的身心健康，讲排场、讲穿戴、讲吃喝、讲攀比的现象经常发生。可又由于经济收入的差距，无法满足，就造成了青少年心理上的不平衡，诱发青少年向往金钱物质，使得一些青少年为获不义之财疯狂作案，尤其是针对那些富裕家庭的孩子实施的绑架、抢劫的犯罪行为比例相对较高。

3. 单身女孩。现代的女孩们大多思想开放，她们不再拘泥于一些传统、保守的做法，而是追求新潮和时尚。如果她们的衣服过于暴露，或者穿着华丽奇异的服装，就很容易让不法犯罪分子对其产生强奸、抢劫等不法念头。台湾地区曾有份资料显示，未满12岁到未满40岁各年龄层的男性被害人人数占全部男性被害人的比例均低于同一年龄层女性被害人人数的比例。如18~24岁的男性被害人人数占全部男性被害人数的6.71%，而女性被害人人数占全部女性被害人的13.35%。在我国大陆地区，情况基本上也是一样。因此，女孩们要注意从言行举止和衣着打扮等多方面保护好自己。

4. 男性青少年朋友遭受性侵害的比例也较高。一般人通常认为，遭受性侵害的对象主要局限于女性，其实不然。根据法律专家的调查和分析，他们发现在青少年中，男性遭到其他成年男性或者女性性侵害的比例也是较高的，这需要引起家长、老师和全社会的关注。

二、预防被害的措施

（一）性侵害

对于女孩子来说，要注意以下几点：

1. 不要单独在偏僻无人的地方行走。夜间不要单独外出，如果单独外出，要乘车或者在灯光明亮处行走。

2. 结交男性朋友要慎重、有选择，不要与行为不轨者交往。在公共场合遇到可疑者时，设法避开。

3. 化装、服饰要有分寸，不要过分暴露。

4. 遇到生人纠缠和诱骗，要立即设法离开或者求人帮助，或者采取其他保护措施。

5. 家长对少女要严加管教，不允许其单独前往公众场所或者在外长时间停留。如果单独在家，要锁好门窗。不要随便接受礼物，以免受坏人引诱。

6. 在受到加害者暴力威胁时，应当冷静、机智，并采取必要措施。要记住加害者的相貌特征，及时报警。

7. 不要在网络上交友，不要发生网恋。

8. 家长和老师要在适当的时候普及性知识，以避免少女年幼无知，而遭人侵害。

对于男孩子的性侵害防范方法与之相通，特别要警惕那些熟悉，但品行不端的成年男性。如果真的遭到侵害，也不要恐惧和害羞，要及时告知家长和老师或者警察，不要隐瞒，否则可能遭到更多的不法侵害。据有关调查数据显示，被害女性在遭受不法侵害时呼救的只占23%，而大多数女性选择沉默，让犯罪分子更加肆意妄为地疯狂作案。其他同学如果遇到正在发生的侵害行为，应在保护好自己的同时，立即呼救，或者帮助打电话求救，或者记住犯罪分子的体貌特征。

（二）抢劫

1. 尽量避免单独出行，要和其他同学或家人一同出行。

2. 在人员聚集地区遭到抢劫，应大声呼救，震慑犯罪分子，同时尽快报警。

3. 在僻静地方或无力抵抗的情况下，应放弃财物，保全人身；待处于安全状态时，尽快报警。

4. 应尽量记住歹徒人数、体貌特征、所持凶器、逃跑车辆的车牌号及逃跑方向等情况，同时尽量留住现场证人。

5. 出门随身少带摄像机、照相机等贵重物品，不随身携带大量现金。

（三）盗窃

在公共场合里的防盗：

1. 不要在公共场合翻弄钱款。

2. 票夹放在内侧袋，将包放在身体前。

3. 在超市时，包袋勿放在车篮内。

4. 就餐时，椅背勿挂贵重物品。

5. 娱乐时，贵重物品勿远离，更不要随意委托他人代看所携物品；不要吸食陌生人的香烟、食品和饮料。

乘公交车时的防窃：

1. 提前准备好零钞，不在站台或车上打开钱包取钱，以免引起扒手的注意。

2. 尽量将挎包放置胸前并用手护紧，若是双肩背包也可先放置胸前。

3. 时刻警觉，尤其在车内人多拥挤的时候更不能放松警惕。

（四）诈骗

1. 遇到街上丢包陷阱怎么办？

生活中你可能会遇到这种情况，一个人在你面前"无意"丢下一包东西，被丢的包里往往装满假钞票、假金首饰，另一个人上前假意与你一起发现被丢的包，要求平分你拾到的东西，并花言巧语让你得大部分，但要你拿出身上的钱或佩戴的金饰作抵押。这时请你不要贪图小利，利令智昏，应将拾到的东西送交派出所或打110报警，这是你的第一选择；有可能的话稳住骗子，以利公安机关人员及时赶来，打击违法犯罪。

2. 外出需购紧张的车票，遇到陌生人主动帮你购票怎么办？

请相信你自己和你的判断力，自己到窗口排队买来的票是真的。

3. 遇到无赖讹诈怎么办？

当你外出，遇到无赖突然歪倒在你的车前，谎称你将他撞倒，要求你给予医药费、损失费；或是他们故意与你迎面相撞，将不值几文的变色镜或所谓的"金表"扔到地上，说你把他的物品撞坏了，必须赔他。这时你不必跟他争吵，你提出要求上派出所去处理。这招不灵，你可以称身上没有带钱，可跟自己回住处取，或用其他方法与之周旋，并寻机会向附近的派出所报案。

（五）拐骗

1. 不要和陌生人说话，不要轻易去查看陌生人递过来的书籍、图册或者电话本等，防止被熏晕导致神志迷糊而被骗。

2. 不要相信陌生人，不管他以何种理由、何种悲惨的经历来打动你善良的心，都不要轻易相信他，不要因此而跟随他离开父母或者老师的监管视线。如果实在觉得其经历可怜，可向父母、老师或者警察求助，由大人出面予以帮助。

3. 不要告诉陌生人家里的情况，比如家庭住址、父母工作单位、家庭经济情况、家中有无大人等，也不要因为人家有意的夸赞或者讥讽而说出家庭的状况，防止被人利用。

4. 不要单独行动，在进入僻静或者陌生的环境时，一定要特别小心，尽可能地等待可靠的大人同行。

5. 不要轻易相信熟悉自己父母的叔叔阿姨的话，尤其是当他要带你离开学校或者父母时，一定要有策略地予以拒绝，并坚决等到家长来接，切不可因自己轻信他人而一时疏忽，导致被绑架或者被拐卖。

6. 在家庭出现重大变故，比如父母争吵或者离异的极端情况下，也不要轻易相信父母的话，尤其是他们在正常上课时间将你带离学校时，一定要多留个心眼，可告知老师或寻求另一方家长的帮助，确定是否有危险。从发生的案件看，有极少数丧心病狂的家长因为婚外情等原因而谋杀亲子女的情况，因此也要引起重视。

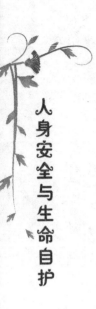

附录　相关的安全法规与常识

《中华人民共和国食品安全法》相关条文

（2009 年 2 月 28 日第十一届全国人民代表大会

常务委员会第七次会议通过）

第十条　任何组织或者个人有权举报食品生产经营中违反本法的行为，有权向有关部门了解食品安全信息，对食品安全监督管理工作提出意见和建议。

第二十条　食品安全标准应当包括下列内容：

（一）食品、食品相关产品中的致病性微生物、农药残留、兽药残留、重金属、污染物质以及其他危害人体健康物质的限量规定；

（二）食品添加剂的品种、使用范围、用量；

（三）专供婴幼儿和其他特定人群的主辅食品的营养成分要求；

（四）对与食品安全、营养有关的标签、标志、说明书的要求；

（五）食品生产经营过程的卫生要求；

（六）与食品安全有关的质量要求；

（七）食品检验方法与规程；

（八）其他需要制定为食品安全标准的内容。

第二十六条　食品安全标准应当供公众免费查阅。

第二十七条 食品生产经营应当符合食品安全标准，并符合下列要求：

（一）具有与生产经营的食品品种、数量相适应的食品原料处理和食品加工、包装、贮存等场所，保持该场所环境整洁，并与有毒、有害场所以及其他污染源保持规定的距离；

（二）具有与生产经营的食品品种、数量相适应的生产经营设备或者设施，有相应的消毒、更衣、盥洗、采光、照明、通风、防腐、防尘、防蝇、防鼠、防虫、洗涤以及处理废水、存放垃圾和废弃物的设备或者设施；

（三）有食品安全专业技术人员、管理人员和保证食品安全的规章制度；

（四）具有合理的设备布局和工艺流程，防止待加工食品与直接入口食品、原料与成品交叉污染，避免食品接触有毒物、不洁物；

（五）餐具、饮具和盛放直接入口食品的容器，使用前应当洗净、消毒，炊具、用具用后应当洗净，保持清洁；

（六）贮存、运输和装卸食品的容器、工具和设备应当安全、无害，保持清洁，防止食品污染，并符合保证食品安全所需的温度等特殊要求，不得将食品与有毒、有害物品一同运输；

（七）直接入口的食品应当有小包装或者使用无毒、清洁的包装材料、餐具；

（八）食品生产经营人员应当保持个人卫生，生产经营食品时，应当将手洗净，穿戴清洁的工作衣、帽；销售无包装的直接入口食品时，应当使用无毒、清洁的售货工具；

（九）用水应当符合国家规定的生活饮用水卫生标准；

（十）使用的洗涤剂、消毒剂应当对人体安全、无害；

（十一）法律、法规规定的其他要求。

第二十八条 禁止生产经营下列食品：

（一）用非食品原料生产的食品或者添加食品添加剂以外的化学物质和其他可能危害人体健康物质的食品，或者用回收食品作为原料生产的食品；

（二）致病性微生物、农药残留、兽药残留、重金属、污染物质以及其他危害人体健康的物质含量超过食品安全标准限量的食品；

（三）营养成分不符合食品安全标准的专供婴幼儿和其他特定人群的主辅食品；

（四）腐败变质、油脂酸败、霉变生虫、污秽不洁、混有异物、掺假掺杂或者感官性状异常的食品；

（五）病死、毒死或者死因不明的禽、畜、兽、水产动物肉类及其制品；

（六）未经动物卫生监督机构检疫或者检疫不合格的肉类，或者未经检验或者检验不合格的肉类制品；

（七）被包装材料、容器、运输工具等污染的食品；

（八）超过保质期的食品；

（九）无标签的预包装食品；

（十）国家为防病等特殊需要明令禁止生产经营的食品；

（十一）其他不符合食品安全标准或者要求的食品。

第二十九条 食品生产加工小作坊和食品摊贩从事食品生产经营活

动，应当符合本法规定的与其生产经营规模、条件相适应的食品安全要求，保证所生产经营的食品卫生、无毒、无害，有关部门应当对其加强监督管理，具体管理办法由省、自治区、直辖市人民代表大会常务委员会依照本法制定。

第三十四条 食品生产经营者应当建立并执行从业人员健康管理制度。患有痢疾、伤寒、病毒性肝炎等消化道传染病的人员，以及患有活动性肺结核、化脓性或者渗出性皮肤病等有碍食品安全的疾病的人员，不得从事接触直接入口食品的工作。

食品生产经营人员每年应当进行健康检查，取得健康证明后方可参加工作。

第四十条 食品经营者应当按照保证食品安全的要求贮存食品，定期检查库存食品，及时清理变质或者超过保质期的食品。

第四十一条 食品经营者贮存散装食品，应当在贮存位置标明食品的名称、生产日期、保质期、生产者名称及联系方式等内容。

食品经营者销售散装食品，应当在散装食品的容器、外包装上标明食品的名称、生产日期、保质期、生产经营者名称及联系方式等内容。

第四十二条 预包装食品的包装上应当有标签。标签应当标明下列事项：

（一）名称、规格、净含量、生产日期；

（二）成分或者配料表；

（三）生产者的名称、地址、联系方式；

（四）保质期；

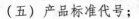

（五）产品标准代号；

（六）贮存条件；

（七）所使用的食品添加剂在国家标准中的通用名称；

（八）生产许可证编号；

（九）法律、法规或者食品安全标准规定必须标明的其他事项。

专供婴幼儿和其他特定人群的主辅食品，其标签还应当标明主要营养成分及其含量。

第四十八条　食品和食品添加剂的标签、说明书，不得含有虚假、夸大的内容，不得涉及疾病预防、治疗功能。生产者对标签、说明书上所载明的内容负责。

食品和食品添加剂的标签、说明书应当清楚、明显，容易辨识。

食品和食品添加剂与其标签、说明书所载明的内容不符的，不得上市销售。

第四十九条　食品经营者应当按照食品标签标示的警示标志、警示说明或者注意事项的要求，销售预包装食品。

第五十一条　国家对声称具有特定保健功能的食品实行严格监管。声称具有特定保健功能的食品不得对人体产生急性、亚急性或者慢性危害，其标签、说明书不得涉及疾病预防、治疗功能，内容必须真实，应当载明适宜人群、不适宜人群、功效成分或者标志性成分及其含量等；产品的功能和成分必须与标签、说明书相一致。

第五十五条　社会团体或者其他组织、个人在虚假广告中向消费者推荐食品，使消费者的合法权益受到损害的，与食品生产经营者承担连带责任。

第六十六条 进口的预包装食品应当有中文标签、中文说明书。标签、说明书应当符合本法以及我国其他有关法律、行政法规的规定和食品安全国家标准的要求，载明食品的原产地以及境内代理商的名称、地址、联系方式。预包装食品没有中文标签、中文说明书或者标签、说明书不符合本条规定的，不得进口。

《道路交通安全法实施条例》（节选）

第七十二条 在道路上驾驶自行车、三轮车、电动自行车、残疾人机动轮椅车应当遵守下列规定：

（一）驾驶自行车、三轮车必须年满 12 周岁；

（二）驾驶电动自行车和残疾人机动轮椅车必须年满 16 周岁；

（三）不得醉酒驾驶；

（四）转弯前应当减速慢行，伸手示意，不得突然猛拐，超越前车时不得妨碍被超越的车辆行驶；

（五）不得牵引、攀扶车辆或者被其他车辆牵引，不得双手离把或者手中持物；

（六）不得扶身并行、互相追逐或者曲折竞驶；

（七）不得在道路上骑独轮自行车或者 2 人以上骑行的自行车；

（八）非下肢残疾的人不得驾驶残疾人机动轮椅车；

（九）自行车、三轮车不得加装动力装置；

（十）不得在道路上学习驾驶非机动车。

第七十三条 在道路上驾驭畜力车应当年满 16 周岁，并遵守下列

规定：

（一）不得醉酒驾驭；

（二）不得并行，驾驭人不得离开车辆；

（三）行经繁华路段、交叉路口、铁路道口、人行横道、急弯路、宽度不足4米的窄路或者窄桥、陡坡、隧道或者容易发生危险的路段，不得超车。驾驭两轮畜力车应当下车牵引牲畜；

（四）不得使用未经驯服的牲畜驾车，随车幼畜须拴系；

（五）停放车辆应当拉紧车闸，拴系牲畜。

第七十四条 行人不得有下列行为：

（一）在道路上使用滑板、旱冰鞋等滑行工具；

（二）在车行道内坐卧、停留、嬉闹；

（三）追车、抛物击车等妨碍道路交通安全的行为。

第七十五条 行人横过机动车道，应当从行人过街设施通过；没有行人过街设施的，应当从人行横道通过；没有人行横道的，应当观察来往车辆的情况，确认安全后直行通过，不得在车辆临近时突然加速横穿或者中途倒退、折返。

第七十六条 行人列队在道路上通行，每横列不得超过2人，但在已经实行交通管制的路段不受限制。

第七十七条 乘坐机动车应当遵守下列规定：

（一）不得在机动车道上拦乘机动车；

（二）在机动车道上不得从机动车左侧上下车；

（三）开关车门不得妨碍其他车辆和行人通行；

（四）机动车行驶中，不得干扰驾驶，不得将身体任何部分伸出车外，不得跳车；

（五）乘坐两轮摩托车应当正向骑坐。

《中华人民共和国道路交通安全法》（节选）

第二十八条 任何单位和个人不得擅自设置、移动、占用、损毁交通信号灯、交通标志、交通标线。

第三十一条 未经许可，任何单位和个人不得占用道路从事非交通活动。

第五十七条 驾驶非机动车在道路上行驶应当遵守有关交通安全的规定。非机动车应当在非机动车道内行驶；在没有非机动车道的道路上，应当靠车行道的右侧行驶。

第五十八条 残疾人机动轮椅车、电动自行车在非机动车道内行驶时，最高时速不得超过十五公里。

第五十九条 非机动车应当在规定地点停放。未设停放地点的，非机动车停放不得妨碍其他车辆和行人通行。

第六十条 驾驭畜力车，应当使用驯服的牲畜；驾驭畜力车横过道路时，驾驭人应当下车牵引牲畜；驾驭人离开车辆时，应当拴系牲畜。

第六十一条 行人应当在人行道内行走，没有人行道的靠路边行走。

第六十二条 行人通过路口或者横过道路，应当走人行横道或者过街设施；通过有交通信号灯的人行横道，应当按照交通信号灯指示通行；通过没有交通信号灯、人行横道的路口，或者在没有过街设施的路段横过道路，应当在确认安全后通过。

第六十三条 行人不得跨越、倚坐道路隔离设施，不得扒车、强行拦车或者实施妨碍道路交通安全的其他行为。

第六十四条 学龄前儿童以及不能辨认或者不能控制自己行为的精神疾病患者、智力障碍者在道路上通行，应当由其监护人、监护人委托的人或者对其负有管理、保护职责的人带领。

盲人在道路上通行，应当使用盲杖或者采取其他导盲手段，车辆应当避让盲人。

第六十五条 行人通过铁路道口时，应当按照交通信号或者管理人员的指挥通行；没有交通信号和管理人员的，应当在确认无火车驶临后，迅速通过。

第六十六条 乘车人不得携带易燃易爆等危险物品，不得向车外抛洒物品，不得有影响驾驶人安全驾驶的行为。

对于那些违反交通管制的规定强行通行，不听劝阻的；和故意损毁、移动、涂改交通设施，造成危害后果，尚不构成犯罪的，也要予以行政处罚。

《全国青少年网络文明公约》

为增强青少年自觉抵御网上不良信息的意识，团中央、教育部、文化部、国务院新闻办、全国青联、全国学联、全国少工委、中国青少年网络协会于 2001 年 11 月向全社会发布了《全国青少年网络文明公约》，成为引导青少年正确上网、文明用网的纲领。具体内容是：

要善于网上学习，不浏览不良信息；

要诚实友好交流，不侮辱欺诈他人；

要增强自护意识，不随意约会网友；

要维护网络安全，不破坏网络秩序；

要有益身心健康，不沉溺虚拟时空。

《公安机关维护校园及周边治安秩序八条措施》

（2005 年 6 月）

1. 对发生在校园及周边，侵害师生人身、财产权利的刑事和治安案件，实行专案专人责任制。

2. 在校园周边治安复杂地区设立治安岗亭，有针对性地开展治安巡逻，强化治安管理。

3. 根据需要向学校、幼儿园派驻保安员，负责维护校园安全。

4. 选派民警担任中小学和幼儿园的法制副校长或法制辅导员，负责治安防范、交通和消防安全宣传教育工作，每月至少到校工作二次。

5. 在地处交通复杂路段的小学、幼儿园上学、放学时，派民警或协管员维护校园门口道路的交通秩序。

6. 在学校、幼儿园周边道路设置完善的警告、限速、慢行、让行等交通标志及交通安全设施，在学校门前的道路上施画人行横道线，有条件的设置人行横道信号灯。

7. 在城市学校、幼儿园周边有条件的道路设置上学、放学时段的临时停车泊位，方便接送学生车辆停放。

8. 对寄宿制的学校、幼儿园，每半年至少组织一次消防监督检查，对其他学校、幼儿园，每年至少组织一次消防监督检查，并督促、指导其依法履行消防安全职责。

《关于进一步做好中小学幼儿园安全工作六条措施》

1. 积极配合当地公安机关认真落实《公安机关维护校园及周边治安秩序八条措施》，建立协同工作机制，制订工作方案，切实保障师生人身、财产安全。

2. 迅速组织力量对学校周边地质和校舍情况进行排查，凡发现地质隐患的要迅速报当地政府妥善处置，对排查出的具有安全隐患的教室要停止使用，必要时可以临时停课。

3. 每逢开学、放假前要有针对性地对学生集中开展安全教育，强化学生安全意识，特别是要以多种形式加强学生应对洪水、泥石流、火灾、地震等突发事件的应急训练，提高学生自救自护能力。

4. 学校每学期要对校车安全保障、驾驶员资格等情况进行一次全面检查。严禁租用个人车辆接送学生，凡是用于接送学生的校车必须经交管部门审核合格。

5. 寄宿制学校要配备教师或管理人员专门负责管理学生宿舍，落实夜间值班、巡查制度，坚持对寄宿学生实行晚点名和定时查铺。

6. 杜绝将学校校园场地出租用于停放社会车辆，从事易燃、易爆、有毒、有害等危险品生产、经营活动，以及其他可能危及学生安全的活动。

《中小学公共安全教育指导纲要》

教育部

为进一步加强中小学公共安全教育，培养中小学生的公共安全意识，提高中小学生面临突发安全事件自救自护的应变能力，根据义务教育法、未成年人保护法、《国家突发公共事件总体应急预案》及《中小学幼儿园安全管理办法》《教育系统突发公共事件应急预案》，特制定本纲要。

一、指导思想、目标和基本原则

（一）必须坚持以邓小平理论和"三个代表"重要思想为指导，树立和落实科学发展观，坚持以人为本，把中小学公共安全教育贯穿于学校教育的各个环节，使广大中小学生牢固树立"珍爱生命，安全第一，遵纪守法，和谐共处"的意识，具备自救自护的素养和能力。

（二）通过开展公共安全教育，培养学生的社会安全责任感，使学生逐步形成安全意识，掌握必要的安全行为的知识和技能，了解相关的法律法规常识，养成在日常生活和突发安全事件中正确应对的习惯，最大限度地预防安全事故发生和减少安全事件对中小学生造成的伤害，保障中小学生健康成长。

（三）中小学公共安全教育要遵循学生身心发展规律，把握学生认知特点，注重实践性、实用性和实效性。坚持专门课程与在其他学科教学中的渗透相结合；课堂教育与实践活动相结合；知识教育与强化管理、培养习惯相结合；学校教育与家庭、社会教育相结合；国家统一要求与地方结合实际积极探索相结合；自救自护与力所能及地帮助他人相结合。

做到由浅入深，循序渐进，不断强化，养成习惯。

二、主要内容

（一）公共安全教育的主要内容包括预防和应对社会安全、公共卫生、意外伤害、网络、信息安全、自然灾害以及影响学生安全的其他事故或事件六个模块。重点是帮助和引导学生了解基本的保护个体生命安全和维护社会公共安全的知识和法律法规，树立和强化安全意识，正确处理个体生命与自我、他人、社会和自然之间的关系，了解保障安全的方法并掌握一定的技能。中小学心理健康教育继续遵照教育部已经规定的相关要求实施。

（二）开展公共安全教育必须因地制宜，科学规划，做到分阶段、分模块循序渐进地设置具体教育内容。要把不同学段的公共安全教育内容有机地整合起来，统筹安排。对不同学段各个模块的具体教学内容设置，各地可以根据地区和学生的实际情况加以选择。

1. 小学 1~3 年级的教育内容重点为：

模块一：预防和应对社会安全类事故。

（1）了解社会安全类突发事故的危险和危害。

（2）了解并遵守各种公共场所活动的安全常识。

（3）认识与陌生人交往中应当注意的安全问题，逐步形成基本的自我保护意识。

模块二：预防和应对公共卫生事故。

（1）了解基本公共卫生和饮食卫生常识。

（2）了解常见的肠道和呼吸道等常见疾病的预防常识，养成良好的个人卫生和健康行为及饮食习惯。

模块三：预防和应对意外伤害事故。

（1）学习道路交通法的相关内容，了解出行时道路交通安全常识。

（2）初步识别各种危险标志；学习家用电器、煤气（柴火）、刀具等日常用品的安全使用方法。

（3）初步具备使用电梯、索道、游乐设施等特种设备的安全意识。

（4）初步学会在事故灾害事件中自我保护和求助、求生的简单技能。学会正确使用和拨打110、119、120电话。

模块四：预防和应对自然灾害。

（1）了解学校所在地区和生活环境中可能发生的自然灾害及其危险性。

（2）学习躲避自然灾害引发危险的简单方法，初步学会在自然灾害发生时的自我保护和求助及逃生的简单技能。

模块五：预防和应对影响学生安全的其他事件。

（1）与同学、老师友好相处，不打架；初步形成避免在活动、游戏中造成误伤的意识。

（2）学习当发生突发事件时听从成人安排或者利用现有条件有效地保护自己的方法。

2. 小学4～6年级的教育内容重点为：

模块一：预防和应对社会安全类事故或事件。

（1）认识社会安全类突发事故或事件的危害和范围，不参与影响和危害社会安全的活动。

（2）自觉遵守社会生活中人际交往的基本规则以及公共场所的安全规范。

（3）学会应对可疑陌生人的方法，提高自我防范意识。

（4）了解应对敲诈、恐吓、性侵害的一般方法，提高自我保护能力。

模块二：预防和应对公共卫生事故。

（1）加强卫生和饮食常识学习，形成良好的个人卫生和健康的饮食习惯。

（2）了解常见病和传染病的危害、传播途径和预防措施。

（3）初步了解吸烟、酗酒等不良习惯的危害，知道吸毒是违法行为，逐步形成远离烟酒及毒品的健康生活意识。

（4）初步了解青春期发育基础知识，形成明确的性别意识和自我保护意识。

模块三：预防和应对意外伤害事故。

（1）培养遵守交通规则的良好习惯，形成主动避让车辆的意识。

（2）提高自我保护意识，了解私自到野外游泳、滑冰等活动的危害；学习预防和处理溺水、烫烧伤、动物咬伤、异物进气管等意外伤害的基本常识和方法。

（3）形成对存在危险隐患的设施与区域的防范意识，了解与学习和生活密切相关的特种设备安全知识。

（4）学会有效躲避事故灾害的常用方法和在事故灾害发生时的自我保护和求助及逃生的基本技能。

（5）使学生初步了解与学生意外伤害有关的基本保险知识，提高学生的保险意识。

模块四：预防和应对网络、信息安全事故。

（1）初步认识网络资源的积极意义和了解网络不良信息的危害。

（2）初步学会合理使用网络资源，努力增强对各种信息的辨别能力。

（3）学会控制自己的行为，防止沉迷网络游戏和其他电子游戏。

模块五：预防和应对自然灾害。

（1）了解影响家乡生态环境的常见问题，形成保护自然环境和躲避自然灾害的意识。

（2）学会躲避自然灾害引发危险的基本方法。

（3）掌握突发自然灾害预警信号级别含义及相应采取的防范措施。

模块六：预防和应对影响学生安全的其他事件。

（1）形成和解同学之间纠纷的意识。

（2）形成在遇到危及自身安全时及时向教师、家长、警察求助的意识。

3. 初中年级的教育内容重点为：

模块一：预防和应对社会安全类事故或事件。

（1）增强自律意识，自觉不进入未成年人不宜进入的场所。逐步养成自觉遵守与维护公共场所秩序的习惯。

（2）不参加影响和危害社会安全的活动，形成社会责任意识。

（3）理解社会安全的重要意义，树立正确的人生观和价值观。

（4）学会应对敲诈、恐吓、性侵害等突发事件的基本技能。

模块二：预防和应对公共卫生事故。

（1）了解重大传染病和食物中毒、生活水污染的知识及基本的预防、急救、处理常识；了解简单的用药安全知识。

（2）了解青春期常见问题的预防与处理；形成维护生殖健康的责任感。

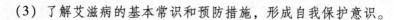

（3）了解艾滋病的基本常识和预防措施，形成自我保护意识。

（4）学习识别毒品的知识和方法，拒绝毒品和烟酒的诱惑。

（5）了解和分析影响生命与健康的可能因素。

模块三：预防和应对意外伤害事故。

（1）增强自觉遵守交通法规的意识；主动分析出行时存在的安全隐患，寻求解决方法；防止因违章而导致交通事故的发生。

（2）正确使用各种设施，具备防火、防盗、防触电及防煤气中毒的知识技能。

（3）了解和积极预防在校园活动中可能发生的公共安全事故，提高自我保护和求助及逃生的基本技能。

模块四：预防和应对网络、信息安全事故。

（1）自觉遵守与信息活动相关的各种法律法规，抵制网络上各种不良信息的诱惑，提高自我保护和预防违法犯罪的意识。

（2）合理利用网络，学会判断和有效拒绝的技能，避免迷恋网络带来的危害。

模块五：预防和应对自然灾害。

（1）学会冷静应对自然灾害事件，提高在自然灾害事件中自我保护和求助及逃生的基本技能。

（2）了解曾经发生在我国的重大自然灾害，认识人类活动与自然灾害之间的关系，增强环境保护意识和生态意识。

模块六：预防和应对影响学生安全的其他事件。

（1）了解校园暴力造成的危害，学习应对的方法。

（2）学会克服青春期的烦恼，逐步学会调节和控制自己的情绪，抑制自己的冲动行为。

（3）学会在与人交往中有效保护自己的方法，构筑起坚固的自我心理防线。

4. 高中年级的教育内容重点为：

模块一：预防和应对社会安全类事故或事件。

（1）自觉遵守与生活紧密相关的各种行为规范。

（2）了解考试泄密、违规的相关法律常识。养成维护考试纪律和规范的良好行为习惯。

（3）自觉抵制影响和危害社会公共安全的活动，提高社会责任感和国家意识。

（4）基本理解国际政治、经济、宗教冲突现象，努力维护国家和社会的稳定与团结。

（5）继承和发扬中华民族传统优秀文化，汲取其他国家文化的精华，抵制不良文化习俗的影响。

模块二：预防和应对公共卫生事故。

（1）基本掌握和简单运用突发公共卫生事件卫生应急的相关技能，进行自救、自护。有报告事件的意识和了解报告的途径和方法。

（2）掌握亚健康的基本知识和预防措施，了解应对心理危机的方法和救助渠道，促进个体身心健康发展。

（3）掌握预防艾滋病的基本知识和措施，正确对待艾滋病毒感染者和患者。

（4）自觉抵制不良生活习惯和行为，具备洁身自好的意识和良好的卫生公德。

（5）了解有关禁毒的法律常识，拒绝毒品诱惑。

（6）学习健康的异性交往方式，学会用恰当的方法保护自己，预防性侵害。当遭到性骚扰时，要用法律保护自己。

模块三：预防和应对网络、信息安全事故。

（1）树立网络交流中的安全意识，养成良好的利用网络习惯，提高网络道德素养。

（2）树立不利用网络发送有害信息或进行反动、色情、迷信等宣传活动以及窃取国家、教育行政部门和学校保密信息的牢固意识。

模块四：预防和应对自然灾害。

（1）基本掌握在自然灾害中自救的各种技能，学习紧急救护他人的基本技能。

（2）了解有关环境保护的法律法规；能结合当地实际情况，为保护和改善自然环境作贡献。

模块五：预防和应对影响学生安全的其他事件。

（1）自觉抵制校园暴力，维护自己和同学的生命安全。

（2）树立正确的安全道德观念，在关注自身安全的同时，去关注他人的安全，并提供力所能及的援助。

三、实施途径

（一）学校要在学科教学和综合实践活动课程中渗透公共安全教育内容。各科教师在学科教学中要挖掘隐性的公共安全教育内容，与显性的公共安全教育内容一起，与学科教学有机整合，按照要求，予以贯彻落实。小学阶段主要在品德与生活、品德与社会课程中进行。

（二）对无法在其他学科中渗透的公共安全教育内容，可以利用地方课程的时间，采用多种形式，帮助学生系统掌握公共安全知识和技能。要充分利用班、团、校会、升旗仪式、专题讲座、墙报、板报、参观和演练等方式，采取多种途径和方法全方位、多角度地开展公共安全教育。

（三）公共安全教育可以针对单一主题或多个主题来设计教学活动；通过游戏、实际体验、影片欣赏、角色扮演等活动，也可以运用广播、电视、计算机、网络等现代教育手段进行教学，探索寓教于乐、寓教于丰富多彩活动的教学组织形式，增强公共安全教育的效果。公共安全教育的形式在小学以游戏和模拟为主，初中以活动和体验为主；高中以体验和辨析为主。

学校要建设符合公共安全教育要求的物质环境和人文环境，使学生在潜移默化中提高安全意识，促进学生学习并掌握必要的安全知识和生存技能，认识、感悟安全的意义和价值。

（四）学校要与公安消防、交通、治安以及卫生、地震等部门建立密切联系，聘请有关人员担任校外辅导员，根据学生特点系统协调承担公共安全教育的内容，并且协助学校制订应急疏散预案和组织疏散演习活动。

公共安全教育是学校、家庭和社会的共同责任。学校要采取积极措施帮助家长强化对孩子的公共安全教育意识，指导家长了解和掌握公共安全教育的科学方法，主动寻求家长和社会对公共安全教育的支持和帮助。

四、保障机制

（一）学校要保证公共安全教育的时间，可根据实际情况，结合不同学段的课程方案和本指导纲要的要求，采用课程渗透和利用地方课程时间相结合的方式，确保完成本纲要中规定的教学内容，并要安排必要的时间，开展自救自护和逃生实践演练活动。

（二）各地要加强教学资源建设，积极开发公共安全教育的软件、图文资料、教学课件、音像制品等教学资源。凡进入中小学校的自助读本或相关教育材料必须按有关规定，经审定后方可使用；公共安全教育自助读本或者相关教育材料的购买由各地根据本地实际情况采用多种方式解决，不得向学生收费增加学生负担。大力提倡学校使用公用图书经费统一购买，供学生循环借阅；重视和加强公共安全教育信息网络资源的建设和共享。

（三）各级教育行政部门和学校要重视教师队伍建设，把公共安全教育列入全体在职教师继续教育的培训系列和教师校本培训计划，分层次开展培训工作，不断提高教师开展公共安全教育的水平。

（四）各地要加强教研活动和课题研究，把公共安全教育研究列入当地课题研究规划，保证经费，及时总结、交流和推广研究成果。学校要充分调动教师的积极性，有针对性地开展公共安全教育的校本研究。

（五）要重视对公共安全教育活动的评价和督导。各地教育行政部门要制订科学的公共安全教育评价标准，并将其列入学校督导和校长考核的重要指标之一。评价的重点应注重学生安全意识的建立、基本知识技能的掌握和安全行为的形成，以及学校对公共安全教育活动的安排、必要的资源配置、实施情况以及实际效果。学校要把教师开展公共安全教育的情况作为教师考核的重要依据。

中小学暑期安全教育的主要内容

（一）交通安全教育

1. 自觉遵守交通规则，不在公路上跑闹、玩耍嬉戏，不攀爬车辆，不乘坐无牌照的营运车。

2. 横穿公路要走斑马线，不得随意横穿。

3. 小学生不得在马路上骑自行车。

4. 遵守公共秩序，排队等车，车未停稳不得靠近车辆，上下车时不得拥挤。

5. 文明乘车，乘车主动让座，不得在车厢内大声喧哗。

（二）水的安全教育

1. 暑假正值汛期，严禁到海边、水库、河流、水塘坑洼、水井等处私自玩耍洗澡。

2. 不得私自到水库、小河等地方钓鱼。

3. 不准私自下溪、河、圳、池、水库等危险水域游泳（游玩），洗澡、戏水、划船等。

4. 不能擅自与同学结伴游泳，更不能到无安全保障的水域私自游泳。到没有教练员和救生员的游泳馆游泳，也需要大人陪同。

（三）电的安全教育

1. 要在家长的指导下逐步学会使用普通的家用电器。

2. 不要乱动电线、灯头、插座等。

3. 不要在标有"高压危险"的地方玩耍。

191

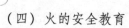

（四）火的安全教育

1. 不准玩火，不得携带火种，以免发生火灾。发现火灾及时拨打119，不得逞能上前扑火。

2. 小心、安全使用煤气、液化气灶具等。

3. 不准玩火，不准私自上山野炊，不接触易燃易爆物品，不随便放烟花，爆竹。

（五）饮食安全教育

1. 自觉养成良好的个人卫生习惯，饭前便后勤洗手，防止传染病的发生。

2. 购买有包装的食品时，要看清商标、生产日期、保质期等，"三无"食品、过期食品一定不要购买食用。

3. 生吃瓜果要注意洗干净后才可食用，不吃腐烂、变质的瓜果。

4. 不准随便吃不认识的野果，不吃过期和霉烂变质的食品，注意饮食卫生。

（六）防汛防暑安全教育

1. 夏季多雷雨，不能在大树及高大建筑物下避雨，避免被雷电击中。

2. 大雨天气，不要外出，如遇洪水要顺楼梯到高楼层或地势较高的地方防汛。

3. 高温天气，长时间在野外要采取降温措施，防止中暑。

（七）自然灾害方面的安全教育

1. 不要到山洪、泥石流和山体滑坡多发地区游玩。

2. 掌握地震、泥石流、山体滑坡等自然灾害发生时自救、逃生的知识，掌握野外防灾自救常识。

3. 尽量不参加带有危险性的旅游活动，坚决杜绝到人迹罕至的地域或未向游人开放的区域旅游或探险。

（八）网络的安全教育

1. 不要轻信陌生人的网上邀请，不和陌生人聊天。

2. 禁止上网吧，禁止到游戏室、台球室、录像室、歌舞厅等娱乐场所。

3. 不准在未告知家长和得到同意的情况下和网友私自外出见面、外宿和远游，防止被绑架、拐骗或走失。

4. 禁止玩暴力、恐怖、色情等网络游戏。

（九）其他方面的安全教育

1. 不要轻信陌生人，陌生人敲门不要开防盗门。

2. 外出旅游或走亲访友，万一迷路不要惊慌，要待在原地等候父母回找或及时拨打110，请求警察的帮助。

3. 观看比赛、演出或电影时，排队入场，对号入座，做文明观众。比赛或演出结束时，等大多数人走后再随队而出，不可在退场高峰时向外拥挤。

4. 睡觉前要告诉家长检查煤气阀门是否关好，防止煤气中毒。

5. 不得玩易燃易爆物品和有腐蚀性的化学药品。

6. 不准参与非法组织活动，不准参与赌博活动，不偷不抢不骗，不拉帮结伙，不打架斗殴，不酗酒闹事。

7. 不准在危险地带玩耍，不做危险游戏，不私自外出游玩；不准攀爬电杆、树木、楼房栏杆、不翻越围墙、不上楼顶嬉闹；不准进行不安全的戏闹，如抛石头、土粒、杂物，拿弹弓、木棍、铁器、刀具等追逐戏打；不准到施工场地或危险楼房、地段、桥梁游玩、逗留。

使用灭火剂和灭火器具的常识

消防器材是用于抢险救灾的专用器材。常用的消防器材有消火栓、消防水带、水枪、灭火器、消防桶等。这些器材使用的机会虽不多，但不得挪作他用。

（一）正确选用灭火剂：

按燃烧物质及特性，火灾分为 A、B、C、D 四类：

A 类，指可燃固体物质火灾；

B 类，指液体火灾和熔化的固体物质火灾；

C 类，指可燃气体火灾；

D 类，指可燃金属火灾，如钾、钠、镁、钛、锂、铝合金等物质的火灾；应根据不同类型火灾选择灭火剂。

1. A 类火灾：应选用水、泡沫、磷酸铵盐干粉灭火剂。

2. B 类火灾：应选用干粉、泡沫灭火剂。极性溶剂 B 类火灾不得选用化学泡沫灭火剂，应选用抗溶性泡沫灭火剂。

3. C 类火灾：应选用干粉、二氧化碳灭火剂。

4. D 类火灾：选用 7150 灭火剂及砂、土等。

（二）正确使用灭火器具

1. 干粉灭火器适用范围广泛，而且较经济实用，可用于扑灭带电物体（低于 5000V）火灾、液体火灾、气体火灾、固体火灾等。使用时要注意：

(1) 喷射前最好将灭火器颠倒几次，使筒内干粉松动，但喷射时不能倒置，应站在上风一侧使用；

(2) 在保障人身安全情况下尽可能靠近火场；

(3) 按动压把或拉起提环前一定要去掉保险装置；

(4) 使用带喷射软管的灭火器时，一只手一定要握紧软管前部喷嘴后再按动压把或拉起提环；

(5) 灭液体火（汽油、酒精等）时不能直接喷射液面，要由近向远，在液面上10厘米左右快速摆动，覆盖燃烧面切割火焰；

(6) 灭火器存放时不能靠近热源或日晒，防止作为喷射干粉剂动力的二氧化碳受热自喷，并注意防潮，防止干粉剂结块。

2. 二氧化碳灭火器适用于扑灭精密仪器、带电物体及液体、气体类火灾；1211灭火器特别适用于扑灭精密仪器、电器设备、计算机房等火灾。使用时应注意：

(1) 露天灭火在有风时灭火效果不佳；

(2) 喷射前应先拔掉保险装置再按下压把；

(3) 灭火时离火不能过远（2米左右较好）；

(4) 喷射时手不要接触喷管的金属部分，以防冻伤；

(5) 在较小的密闭空间喷射后人员要立即撤出以防止窒息；

(6) 灭火器存放时严禁靠近热源或日晒。

3. 消火栓是消防灭火中主要的水源，分室内和室外两种。室内消防栓一般装在楼层或房间内的墙壁上，有玻璃门或铁门封挡，内配有水枪、水龙带。使用时应注意：

(1) 使用水龙带时应防止扭转和折弯，否则会阻止水流通过；

（2）使用消火栓救火应先将水龙带一头接在消火栓上，同时将水带打开，另一头接水枪，一个人紧握水枪对准着火部位，另一个人打开消火体阀门；

（3）扑救带电火灾前，必须先断电再用水灭火；

（4）要注意防止用水灭火会给珍藏典籍、精密仪器等造成水渍侵害；

（5）有的金属类火灾，禁止用水扑救。